Entwurf

einer

Methodik zur Berechnung

der

Feldsysteme.

Von

Carl von Wulffen.

Besonderer Abdruck aus den Annalen des Königlich Preußischen Landes-Oekonomie-Collegiums.

Berlin.

Verlag von Veit und Comp.

1847.

Alles wahre Aperçu kommt aus einer Folge und bringt Folge.
Es ist ein Mittelglied einer großen, productiv aufsteigenden Kette.

Goethe.

Vorwort.

Keinem Gegenstande habe ich im Verlauf einer langen Beschäftigung mit dem Landbau so oft ein ernstes Nachdenken gewidmet, als der Auffindung einer zufriedenstellenden Methode zur Berechnung der Wirthschaftssysteme unter veränderten Bedingungen.

In Ermangelung eines sichern Rechnungsverfahrens zu diesem Zweck entgehen uns die entferntern Folgen der großen wie der kleinen Veränderungen in den Verhältnissen unserer Wirthschaft. Wir setzen uns bei einem unveränderten Feldsystem in den Besitz einer Wiese, oder richten Berieselungen ein; wir legen ein bisher als Acker benutztes Stück Land zur Weide oder zur Holzcultur nieder, oder ziehen auch wohl Weide und Holzgrund zum Acker: Jedermann wird den Einfluß einer solchen Veränderung auf den künftigen Ertrag des Feldes einräumen, aber die bestimmte Größe des Erfolgs nur sehr muthmaaßlich angeben. Noch wichtiger wird die Frage, wenn wir das Verhältniß im Anbau der Früchte, wenn wir das Feldsystem selbst ändern. Welchen gerechten Erwartungen dürfen wir dann entgegen sehen?

So lange wir nur unsere eigenen Angelegenheiten ordnen, begnügen wir uns oft damit, den Erfolg zu erwarten. Finden wir uns aber im Interesse Anderer aufgefordert, eine derartige Aufgabe folgerichtig zu lösen, so vermissen wir sowohl eine sichere Methode, als die wesentlichsten Rechnungselemente; mindestens mangelt Allem, was hiervon vorhanden, Anerkenntniß und Beweiskraft. Wen die Resultate nicht befriedigen, der verwirft ganz einfach die Grundsätze des Verfahrens, womit natürlich unsere Absicht, mit Zahlen zu demonstriren, vereitelt ist.

Auf diesen fühlbaren Mangel nun gründet sich mein Bestreben, aus den Elementen unserer „Schätzungen" eine Rechnungsform zu entwickeln, deren Resultate als bloße Consequenzen der practischen Abschätzungen erscheinen.

Diese Aufgabe halte ich für wichtig genug, um ihr die volle Theilnahme eines Collegiums zuzuwenden, welches an die Spitze der landwirthschaftlichen Intelligenz gestellt ist, und sich nicht selten in die Lage versetzt sieht, ein motivirtes Urtheil über den Werth verschiedener Feldsysteme abzugeben.

Pietzpuhl, den 1. Februar 1845.

Carl v. Wulffen.

An
Ein Königliches Hochlöbliches
Landes-Oeconomie-Collegium
zu Berlin.

Uebersicht des Inhalts.

Zweites Capitel.

Entwickelung der Formeln zur Berechnung der Feldsysteme.

Drittes Capitel.

Die Dünger-Erzeugung, gemessen nach Graden des Reichthums.

Seite

Viertes Capitel.

Das Ertragsverhältniß der Pflanzen unseres Feldbaus und die Veränderung der Ertragsfähigkeit des Bodens durch den Pflanzenbau.

Fünftes Capitel.

Die systematische Benennung und Bezeichnung der möglichen Feldsysteme.

Sechstes Capitel.

Die Berechnung des Gattungsquotienten und der Factoren der Ertragsfähigkeit aus der Aufnahme des Ertrages der Felder- wie der Schlagwirthschaften.

Siebentes Capitel.

Die Abschätzung des Bodens zur Berechnung der Feldsysteme und die Bildung der Schätzungstabellen.

Achtes Capitel.

Von dem normalen Beharrungspuncte zur Berechnung und Vergleichung der Feldsysteme.

Neuntes Capitel.

Ein Rechnungs-Beispiel.

Erstes Capitel.

Die Grundlegung.

§. 1.

Die Elemente der Rechnung im Allgemeinen.

Wir erkennen in dem Boden, der zum Anbau unserer Culturpflanzen dient, folgende materielle Unterschiede an:

A. Die Verschiedenheit seiner chemischen Zusammensetzung;

B. seine bestimmte Neigung zur Erzeugung gewisser Pflanzenarten, zum Theil abhängig von dem erwähnten Mischungsverhältniß (§. 3.).

In A. unterscheiden wir diejenigen Bestandtheile des Bodens, welche zur Ernährung unserer Pflanzen dienen können, als

Stoff,

vom

nahrungslosen Boden,

der das Aggregat aller andern Theile seiner Zusammensetzung ist.

Inwiefern dieser Stoff aus organischen und anorganischen Materien besteht, ist für unseren nächsten Zweck ohne Einfluß.

Der Stoff ist entweder durch seine Lage dem Bereiche der Pflanzen entrückt und bildet dann ein **todtes Vermögen,**

oder er ist in der Oberfläche des Bodens verbreitet und heißt in diesem Falle das **thätige Vermögen.**

Im thätigen Vermögen unterscheiden wir:

a) den **Vorrath**, als den noch gebundenen, unzersetzten Stoff;

b) den **Reichthum**, als den schon verwesenden (beziehungsweise sich zersetzenden) Stoff;

c) die **Fruchtbarkeit**, das letzte Resultat dieser Verwandlung, in flüssiger und gasförmiger Gestalt, als eine fertige Nahrung zu unmittelbarer Aufnahme für die Vegetabilien bereit.

Die Umwandlung des Vorraths in Reichthum, wie des Reichthums in Fruchtbarkeit, wird durch den Einfluß der atmosphärischen Potenzen, wie der Pflanzen selbst bewirkt.

Unter Mitwirkung der Vegetation vereinigen sich Luft, Licht, electrische Kraft, Wärme, Feuchtigkeit zu diesem Zersetzungs- und Auflösungsproceß im Boden.

Das vereinigte Wirken dieser zwar von außen her bedingten, aber im Boden selbst arbeitenden Kräfte bezeichne ich durch den Begriff

Thätigkeit.

Diese nimmt in verschiedenem Boden einen veränderten Ausdruck an, der jedoch stets in doppelter Art erscheint, da die Thätigkeit überall sowohl eine **quantitative** als eine **qualitative** ist.

Quantitativ bestimmt sie die größere oder geringere Menge des in gleichen Bodenflächen innerhalb gleicher Zeiträume verwandelten Reichthums.

Eine qualitativ andre ist sie, weil nach Verschiedenheit des Bodens das Verhältniß der genannten Agentien untereinander, auch bei gleicher atmosphärischer Einwirkung, sich ändert, und beispielsweise bald Feuchtigkeit, bald Wärme die Verwandlung eines gleichen Quantums Reichthum vorherrschend bestimmen kann.

Hierdurch aber wird zum großen Theil das Verhältniß bedingt, in welchem der verwandelte Reichthum am Orte der Erzeugung seine productive Wirkung äußert (S. 7.).

Beide Verhältnisse der Thätigkeit, sowohl das quantitative, als auch das qualitative, sind demnach von den physischen Eigenschaften des Bodens und vom Clima abhängig.

§. 2.

Die Boden-Classen.

Unter **Boden-Classen** verstehe ich diejenige Unterscheidung des Bodens, welche sich ausschließlich auf das Verhältniß seiner chemischen Zusammensetzung gründet.

Diese Zusammensetzung erscheint in der Natur in einer unendlichen Mannigfaltigkeit, obschon die wesentlichsten Elemente derselben nur in Thon, Sand, Kalk und in Resten organischer Gebilde bestehen.

Um also die Zahl der Classen zu begrenzen, sehen wir uns genöthigt, verschiedene Verbindungen nach den vorwaltenden Bestandtheilen, oder doch nach solchen, die dem Boden das Gepräge eines bestimmten Characters ertheilen, zusammen zu fassen, und hiernach künstliche Abtheilungen zu bilden.

So ist eine der einfachsten und gewöhnlichsten Classificationen nachstehende:

I. Thonboden, enthält über 50 pCt. Thon, nicht über 5 pCt. Kalk, nicht über 5 pCt. Humus.

II. Lehmboden, enthält 30 bis 50 pCt. Thon; Kalk und Humus, wie der Thonboden.

III. Sandiger Lehmboden, enthält 20 bis 30 pCt. Thon; Kalk und Humus, wie der Thonboden.

IV. Lehmiger Sandboden, enthält 10 bis 20 pCt. Thon; Kalk und Humus, wie der Thonboden.

V. Sandboden, enthält nicht über 10 pCt. Thon; Kalk und Humus, wie der Thonboden.

VI. Mergelboden, enthält 5 bis 20 pCt. Kalk, nicht über 5 pCt. Humus.

VII. Kalkboden, enthält über 20 pCt. Kalk, nicht über 5 pCt. Humus.

VIII. Humusboden, enthält über 5 pCt. Humus.

Wohl ebenso werth der Anerkennung möchte manch anderes Schema sein. Doch leidet das Bestreben, die Verhältnisse der Bestandtheile durch wörtlichen Ausdruck zu bezeichnen, stets an Mängeln, wie jedes Fachwerk, wo die Natur selbst keine Abschnitte bildet. Auch kann zur sichern Erkennung dieser Verhältnisse nur die chemische Analyse führen.

Zur Begründung der Rechnungsform, die wir hier versuchen, hat jede auf das Verhältniß der Bodenbestandtheile sich gründende Classen-Eintheilung einen sehr untergeordneten Werth, weil unser Zweck eine Bestimmung des Pflanzenertrages bei fortgesetztem Anbau des Bodens ist, und weil die verschiedensten Classen sämmtlich auf einer gleichen Stufe des Ertrages stehen können, wie sie auch alle von einem Maximum des Erzeugnisses auf ein Minimum zu sinken im Stande sind. Auch liefert ein solches Classensystem an und für sich keine einzige Zahl, wie wir ihrer zur Führung unserer Rechnung bedürfen, und deshalb sind alle Bonitirungssysteme, die mittelst einer solchen Classification den productiven Werth des Bodens bezeichnen wollen, schon im Princip falsch. Bei der vollständigsten Uebereinstimmung aller Bestandtheile genügt oft ein geringer physischer Unterschied, die größte Verschiedenheit in der Ertragsfähigkeit des Bodens zu begründen.

Wäre es uns vergönnt, die in allen ihren Bestandtheilen unveränderte Scholle unter eine andere Isotherme zu stellen oder für sie einen andern Regenfall zu wählen, so würden wir die größten Gegensätze des Ertrages hervorrufen.

Dennoch erscheint diese Classenbestimmung aus einem andern Gesichtspuncte erheblich. Alle andern Verhältnisse des Bodens sind veränderlicher; hier ist Ruhe. In allen Welttheilen, unter jeder Zone unterscheiden wir gleichmäßig Thon- und Sandboden. Deshalb verdient die Classe auch hier die Grundlage zu bilden, jedoch nur zur ersten Information.

§ 3.

Die Art des Bodens.

Es ist eine jedem Landwirth bekannte Erscheinung, daß verschiedener Boden, unter demselben physischen und climatischen Einflusse, zur Erzeugung derselben Pflanzenart eine verschiedene Neigung zeigt.

Aber nicht blos sichtbar verschiedener Boden, selbst mehrere nach äußerer Ansicht nicht zu unterscheidende Bodenmischungen können in dieser Beziehung den Ertrag derselben Pflanzenart mehr oder weniger erhöhen. So können zwei Bodenarten für Weizen oder Roggen ganz dieselbe Ertragsfähigkeit zeigen; aber die eine wird von der andern doch einen höhern Ertrag in Gerste oder Hafer, in Wurzelgewächsen oder Futterkräutern liefern. Die wilde Natur, wie das angebaute Land, bestätigen es, daß der Boden, wenn auch für eine oder die andere Pflanzenart gleich geeignet, doch für andere weniger geeignet erscheint. Es wäre unnütz, Beispiele zu häufen, die sich oft genug auf demselben Gute darbieten.

Unsere Naturforscher sind bemüht, diese Erscheinungen durch sorgfältige Analysen aufzuklären; aber bis dahin können uns nur die Erfahrungen eines jeden Orts belehren.

Auf Grund dieser Erfahrungen nun bezeichnen wir im gemeinen Leben den Boden gern nach diesem seinem Verhalten zur vegetabilischen Production, und wählen vorzugsweise die Pflanzen, welche der wichtigste Gegenstand unserer Culturen sind. Unbestritten sind dies in unserm Clima die Cerealien. So entstand die sehr gebräuchliche Bezeichnung des Bodens als Weizen-, Roggen-, Gerste-, oder Haferboden, indem man die Benennung der Frucht, die auf einem bestimmten Boden im günstigsten Ertragsverhältniß steht, auf ihn übertrug, um seine **Art** zu bezeichnen.

Wenn die vegetabilischen Erzeugnisse überhaupt, nach ihrem günstigsten Ertragsverhältniß, den Begriff der Bodenart bilden, so umfaßt dieser Begriff allerdings, wie die Classenabtheilungen, die ganze angebaute Erde. Sobald wir aber bestimmte Gewächse zur Feststellung desselben wählen, so beschränkt sich sein Umfang auf die Climate des möglichen Anbaus jener Pflanzen, wodurch jedem Cultursystem eine bestimmte Sphäre angewiesen wird. Darnach fallen die Grenzen unserer Feldsysteme mit den Grenzen der kornerzeugenden Länder zusammen.

Ich nenne einen Boden für eine Kornart **geeignet,** wenn das Gewicht des Kornerzeugnisses dieser Art höher oder mindestens ebenso hoch ist, als das Gewicht jeder anderen Kornart, die unter denselben Verhältnissen auf diesem Boden angebaut wird.

Stehen mehrere Kornarten in gleichem Ertragsverhältniß, so bezeichne ich den Boden als **gleichgeeignet** für diese Früchte, und verbinde sie durch einen Bindestrich. Also zeigt Weizen-Roggenboden zwei Früchte an, die für den betreffenden Boden in gleichem Ertragsverhältniß stehen.

Weil es aber in der Praxis des Landbaues von Wichtigkeit ist, zu erfahren, welche Kornfrüchte in unmittelbarer Folge nach dem Anbau der geeignetsten wiederum am geeignetesten erscheinen, so werde ich diesen Begriff durch „demnächst" ausdrücken und die in gleichen Verhältnissen stehenden Kornfrüchte durch Klammern zusammenfassen. In dem Ausdruck „Weizen-Roggenboden" giebt die eine Frucht an Stelle der andern ein gleiches Gewichtserzeugniß in Korn; in dem Ausdruck „Weizen- demnächst Roggenboden" ist der Roggen nach Weizen die geeignetste Getreidefrucht; in dem Ausdruck „(Weizen-Roggen-) demnächst (Gerste-Haferboden)" liegt ein Boden vor, der für Weizen und Roggen, und zu der folgenden Bestellung für Gerste und Hafer gleich geeignet ist.

Zur näheren Bezeichnung der Bodenart bieten uns die andern Früchte unsers Anbaues entsprechende Elemente dar, wenn wir ihren Ertrag erfahrungsmäßig bestimmen, — was bei der vollständigen Schätzung eine weitere Ausführung finden wird.

Es ist nunmehr erklärt, daß das gegenseitige Ertragsverhältniß der vegetabilischen Production, — und zwar, in nächster Beziehung, unserer Cerealien — den Begriff der Bodenart bestimmt.

§. 4.

Maaß und Gewicht.

Zur weiteren Verfolgung dieses Entwurfs wird zunächst eine Festsetzung der hier zu Grunde zu legenden Maaße und Gewichte erfordert.

Die außerordentliche Verschiedenheit derselben möchte in den Kreisen des heimischen Verkehrs immerhin noch lange ihr Ansehen behaupten; aber für die deutsche landwirthschaftliche Büchersprache sollte ein Beschluß irgend einer allgemeinen landwirthschaftlichen Versammlung diesem Uebelstande ein Ende machen. Dann läge Jedem für seinen Bezirk nur die Aufgabe vor, eine und dieselbe constante Verhältnißzahl im Gedächtnisse zu bewahren, um sich in jedem Buche sogleich orientiren zu können. Jetzt erfordert fast jedes neue literarische Werk die Bekanntschaft mit andern Reductionsverhältnissen, die nicht immer aus den sichersten Quellen geschöpft werden.

Bis zu dieser Einigung will ich für das Flächenmaaß den Preuß. Morgen mit 180 Rheinländischen Quadratruthen zum Grunde legen und das Preuß. Pfund in der Art als Gewichtsmaaß betrachten, daß ein Centner aus 100 solchen Pfunden bestehen, und dieser Centner als Einheit des Gewichts gelten soll. In dem Zahlenausdruck 5,34 bedeutet also die Ziffer links des Commas die ganzen Centner (à 100 Pfund), während die beiden Ziffern rechts des Commas 34 Pfund bezeichnen. Der Buchstabe c mag die Anwendung dieser Gewichtsbestimmung außer Zweifel stellen, so daß also 5^c fünf Centner zu 100 Preuß. Pfund, 5 Ctr. hingegen den gewöhnlichen Preuß. Centner zu 110 Preuß. Pfund anzeigen soll. Dieser letztere ist für die Decimalrechnung zu unbequem.

Einer Bestimmung des körperlichen Maaßes bedarf es für diese Methodik nicht, weil sich dasselbe immer auf Gewicht zurückführen läßt. Letzteres bestimmt den Gebrauchs-

und Handelswerth, namentlich der Kornfrüchte, viel richtiger, und verdient deshalb entschieden den Vorzug.

§. 5.

Vom Reichthum des Bodens im weitern und im engern Sinne.

Reichthum des Bodens **im Allgemeinen** habe ich den Theil des Stoffs genannt, der in Verwesung und beziehungsweise in Zersetzung begriffen ist. (§. 1.)

Hier aber betrachten wir den Reichthum zunächst nur als die im Boden liegende Quelle zur Bildung des Korns der Cerealien, und verstehen unter **Reichthum im engern Sinne** nur den Theil des allgemeinen Reichthums, aus welchem das K o r n unserer Cerealien sich bildet. Das zu diesem Korn gehörende Stroh tritt also hier außer Betrachtung und wird später (§. 17, Erläuterung 2.) erörtert werden.

Will man den Reichthum im weitern Sinne mit R ausdrücken, so kann man den Theil von R, der zur Bildung des K o r n s dient, mit r bezeichnen. D a s M a a ß f ü r r ist das möglicherweise daraus zu erzeugende Korngewicht, dessen Einheit der Centner (c) bilden soll (§. 4.), in welchem Sinne man sagen würde: dieses Bodens Gehalt an Reichthum ist 60^c Korn (geeigneter Art) oder r ist gleich 60.

Aber indem ich den Gehalt an Reichthum durch ein bestimmtes Kornerzeugniß versinnliche, scheint es auch fast, als hätte ich für r ein bestimmtes Gewicht oder quantitatives Maaß im Sinne. Nun kann aber möglicherweise das materielle Gewicht des Reichthums, aus welchem dasselbe Korngewicht entsteht, sehr verschieden sein, wenn r in verschiedener Zusammensetzung erscheint; weshalb wir r nicht in gleiche Gewichtsmassen, sondern in **Grade** theilen und unter $r=10$, oder $r=60$ den k o r n erzeugenden Gehalt des g a n z e n Reichthums (R) für respective 10 oder 60^c Korn (geeigneter Art) verstehen.

Wie die Grade des Kreises nach Verhältniß des Durchmessers immer eine verschiedene Länge besitzen, wie aber doch dieselbe Zahl der Grade das Maaß derselben Winkel ist; wie die Grade verschiedener Thermometer, bei aller Verschiedenheit ihrer Größe, doch immer dieselbe Wärmemenge bestimmen: so messen die Grade von r, ohne Rücksicht auf körperlichen Umfang und Gewicht, immer denselben Gehalt an kornerzeugendem Stoff im ganzen Reichthum des Bodens.

§. 6.

Das quantitative Verhältniß.

Der Gehalt an Reichthum des Bodens wird nicht in einer Vegetationsperiode in fertige Pflanzennahrung verwandelt, sondern diese Umänderung geschieht durch äußere Einwirkungen in einer fortgesetzten, oft sehr langen Zeitfolge.

Von r wird also in einer Vegetationsperiode nur ein Theil verbraucht, wir wollen beispielsweise setzen $\frac{1}{5}$. Dann drückt sich der umgewandelte Theil durch das Product $\frac{1}{5}$ r aus; von r ist $\frac{1}{5}$ des ganzen Gehalts verwandt.

Dieser Factor, hier $\frac{1}{5}$, ist der Zahlenausdruck für die **Thätigkeit.** Er muß immer in Gestalt eines echten Bruchs erscheinen, weil er, einmal = 1 gesetzt, die Bedeutung annähme, daß der ganze Reichthum — der obigen Erklärung zuwider — in Verwendung träte.

Weil nun diese Thätigkeit aus der vereinigten Wirkung der Luft, des Lichts, der Wärme und Feuchtigkeit, unter Mitwirkung der electrischen Kräfte und der vegetirenden Pflanzen selbst entsteht; weil der Ausdruck dieser Thätigkeit gleichsam eine veränderliche Function dieser Kräfte innerhalb des Bodens in einem bestimmten Zeitraume ist: so wird sowohl ein verändertes Verhältniß dieser Agentien die Größe der Wirkung verändern, als ein verschiedener Boden den Fortgang der Verwesung und Zersetzung hemmen oder fördern.

Die climatischen und Boden-Verhältnisse bedingen also im Allgemeinen die quantitative Thätigkeit; aber sie ist in verschiedenen Jahren um so veränderlicher, je abnormer die Witterungsverhältnisse sind. Deshalb ist der Factor, der die Wirkung bestimmen soll, als eine Durchschnittszahl der Erfahrung zu betrachten, die mit den Erscheinungen des laufenden Jahres nur selten übereinstimmen kann.

Bezeichnen wir die quantitative Thätigkeit mit t, so ist tr der Ausdruck der Quantität (der Verwendung), und der Rest des Reichthums nach vollbrachter Erndte würde sein

$$\mathbf{r - tr = (1 - t)r.}$$

Je größer die quantitative Thätigkeit ist, um so schneller erfolgt die Abnahme des Reichthums; je kleiner, um so langsamer. .

§. 7.

Das qualitative Verhältniß.

Aber die Quantität tr gestattet keineswegs eine unmittelbare Ableitung der Kornproduction, indem tr blos die aus dem Reichthum verschwindende Größe, nicht aber den zum Ertrage verwandten Theil dieses Reichthums anzeigt.

Es ist unleugbares Factum, daß der sich verwandelnde Reichthum nur theilweise productiv wirkt. Fragen wir nach dem Grunde dieser Erscheinung, so wird derselbe vorzugsweise durch die Qualität der Thätigkeit (§. 1.) erklärt.

Nehmen wir nämlich an, daß einem gleichen Reichthume, durch Einwirkung gleicher quantitativer Thätigkeit, dieselben Quantitäten entzogen werden, so wird doch, je nach der Verschiedenheit des Bodens und hauptsächlich je nachdem die eine oder die andere der thätigen Kräfte (sei es Wärme oder Feuchtigkeit) überwiegend ist, ein Theil der Producte der Verwesung bald mehr an den Boden gebunden und für die Production aufbewahrt, bald aber verflüchtigt und in die Tiefe versenkt; ein anderer Theil endlich erscheint unter obwaltenden Umständen gar nicht in assimilirbarer Gestalt.

Deshalb bestimmt nur ein Theil von t die productive Verwendung von r.

Drücken wir diesen Theil durch (den echten Bruch) p aus, so bezeichnet **pt** die **productive Thätigkeit**, und das Product **ptr den Korn-Ertrag = k** im Centnergewicht.

Dasselbe r in Verbindung mit demselben t wird mithin nach Verhältniß der Einwirkung der erwähnten Umstände, welche p, den productiven Factor, bestimmen, ein verschiedenes Korngewicht liefern.

Während unsere Erndten, wenn sie nur dem Einflusse von r folgten, ein geregeltes Gesetz erkennen lassen würden, ist es eben dem Einfluß der Cultur und der Jahreswitterung zuzuschreiben, also dem dadurch bestimmten pt, daß wir einen Wechsel im Ertrage erleben, der das Naturgesetz hinter einem Spiel der größten Schwankungen versteckt. Deshalb können wir uns immer nur aus Durchschnitten der Erndten der Wahrheit nähern.

Es ist übrigens das stete und belohnendste Bestreben des practischen Landbaues, die Qualität des Bodens zu verbessern, was wir in dem Maaße erreicht sehen, als sich der Werth von p der Einheit nähert.

§. 8.

Der natürliche Ersatz.

Wenn nun auch, wie im §. 6. gezeigt worden, der Rest von r nach entnommener Erndte, — vorausgesetzt, daß dem Boden von keiner Seite irgend ein Ersatz zuflösse —, sich in r (1 — t) ausdrückt, so ist dennoch dieser Rest nie der wahre, weil die Voraussetzung, eines gänzlich mangelnden Ersatzes, auf angebautem Boden niemals eintritt.

Es hinterlassen nämlich die Pflanzen, welche Gegenstand unserer Erndten waren, organische Rückstände: der Boden ist seiner chemischen und physischen Natur nach mehr oder weniger geeignet, während jeder Vegetationsperiode aus dem Vorrathe wieder neuen Reichthum zu bilden, und selbst aus der Luft Nahrungsmittel aufzunehmen (ich erinnere blos an die Condensation der Gase, an das Ammoniak aller feuchten Niederschläge), die sich loser oder inniger mit ihm verbinden, — aus welchen Quellen ein **natürlicher**, nie ganz mangelnder **Ersatz** entspringt.

Diesen Grundursachen nach wird zwar auf verschiedenen Feldern der natürliche Ersatz verschieden sein, aber auf einem und demselben Felde wird er, wenn gleiche Zeiträume in Betrachtung gezogen werden, am nächsten durch die Größe der Erndten und durch die Eigenschaft der angebauten Pflanzen bestimmt werden: weil diese auf die Größe der Rückstände, auf die Verwandlung des Vorraths in Reichthum und endlich auf jene Bindung der atmosphärischen Niederschläge den entschiedensten Einfluß haben.

Stellen wir also den natürlichen Ersatz als ein Product ϱk dar, in welchem ϱ für einen bestimmten Zeitabschnitt den Einfluß der erwähnten Grundursachen zur Vermehrung des Reichthums und k die Größe der Erndten ausdrückt, so wird der Rest des Reichthums, nämlich $r - tr$, nach jeder Erndte durch ϱk vermehrt, und der vollständige Ausdruck dieses Restes

$$r - tr + \varrho k$$

sein.

Die gewöhnliche Bezeichnung:

„Es ist ein guter Boden" gründet sich am meisten auf den Factor ϱ.

§. 9.

Die Gattung des Bodens.

In den beiden einander entgegengesetzt wirkenden Größen tr und ϱk liegt der **Gattungsbegriff des Bodens**.

Diesen Begriff mache ich also abhängig, einerseits von der Abnahme des Reichthums (r) nach Verhältniß der quantitativen Thätigkeit, anderseits von der Zunahme des Reichthums durch den natürlichen Ersatz.

Nach jeder Erndte vermindert sich r um tr und vergrößert sich wieder um ϱk; also muß von r zur Bestimmung des Restes nach vollbrachter Erndte die Differenz $tr - \varrho k$ abgezogen werden.

In einem in Anbau stehenden Boden kann ϱk nicht größer werden, als tr (der natürliche Ersatz nicht größer, als die Wirkung der quantitativen Thätigkeit), weil keine Erscheinung bekannt ist, die eine Bereicherung des Bodens durch fortgesetzten Anbau darlegte. Schon die Fälle, wo bei einem Maximum des Ertrages $\varrho k = tr$, wo also der Boden keines weitern Ersatzes durch Düngung bedarf, um sich auf der höchsten Stufe des Ertrages zu erhalten, sind sehr selten; man behauptet sie von einigen Marsch- und Flußgebieten und zuweilen auch vom vulcanischen Boden. In allen andern Fällen muß ϱk kleiner sein, als tr: der Boden bedarf eines Ersatzes, den wir **Düngung** nennen.

Diese Düngung wollen wir mit r' bezeichnen und dies r' uns gleichfalls in Grade zerlegt denken, die den Graden des Reichthums (§. 5.) genau entsprechen.

Mit Ausnahme des Falles also, wo, bei einem Maximum des Ertrages, $\varrho k = tr$ (demnach in allen Fällen, wo ϱk kleiner, als tr), wird eine Düngung $= r'$ die durch Cultur und Erndte entstandene Erschöpfung ersetzen müssen, um den ursprünglichen Reichthum wieder herzustellen.

Soll aber die Düngung die Erschöpfung erstatten, so muß allemal sein

$$r' = tr - \varrho k$$

und da $ptr = k$ (§. 7.)

woraus folgt $tr = \frac{k}{p}$

$$\text{so ist auch } r' = \frac{k}{p} - \varrho k$$

$$\text{also } r' = \frac{k - \varrho pk}{p}$$

$$= \frac{(1 - \varrho p)\, k}{p}$$

$$\text{und } \frac{r'}{k} = \frac{1 - \varrho p}{p}.$$

Diese Gleichung ist eigentlich die Brücke, welche uns von der abstracten Theorie zur Praxis führt. Der Quotient $\frac{r'}{k}$ oder $r':k$ drückt das Verhältniß des Ersatzes zum Ertrage aus. Wir müssen dies Verhältniß in Praxis als ein erkennbares betrachten, wenn überhaupt die Bestimmung des productiven Werths des dem Landbau gewidmeten Bodens als möglich gedacht werden soll. Für den aus der abstracten Theorie abgeleiteten Quotienten $\frac{1 - \varrho p}{p}$ hingegen sind die Unbekannten ϱ und p aus den Erscheinungen in der Natur niemals direct abzuleiten, weil sie immer zugleich auftreten, und weil die Wirkung der Veränderung der einen Größe vollständig durch die Veränderung der andern aufgewogen werden kann. Die Gleichung $r' = tr - \varrho k$, woraus $\frac{r'}{k} = \frac{1 - \varrho p}{p}$ abgeleitet ist, bedingt blos, daß, wenn $\frac{r'}{k}$ kleiner, gleich, oder größer als Eins ist, der Quotient $\frac{1 - \varrho p}{p}$ diesen Verhältnissen folge und einen positiven Werth behalte, weil das Verhältniß des Ersatzes zum Ertrage nicht negativ gedacht werden kann. Innerhalb dieser Bedingungen aber findet man noch eine unendliche Menge von Werthen für ϱ und p, welche der Gleichung $\frac{r'}{k} = \frac{1 - \varrho p}{p}$ vollkommen entsprechen, und es ist somit das wirkliche Verhältniß unbestimmbar.

Weil wir nun für den Quotienten $\frac{1 - \varrho p}{p}$ stets das Verhältniß des Ersatzes zum Ertrage $\left(= \frac{r'}{k}\right)$ setzen können, welches als Erfahrung vorausgesetzt ist, so ist auch die Gattung des Bodens daraus direct bestimmbar.

Ist mithin der Kornertrag mehrerer im Anbau auf einander folgender Kornerndten $k_1 + k_2 + \ldots$ und der Ersatz für die Erschöpfung dieser Erndten r', so verhält sich der Ersatz zum Ertrage, wie $r' : k_1 + k_2 + \ldots$; und verlangt wiederum der Boden für $k_1 + k_2 + \ldots$ Centner Kornerzeugung r' Grade Ersatz, so erfordert 1^c Kornertrag

$$\frac{r'}{k_1 + k_2 + \ldots} \text{ Grade}$$

Ersatz, welchen Ausdruck ich den **Gattungsquotienten** nenne.

Der Gattungsquotient zeigt mithin die Verwendung des Reichthums zur Production von Einem Centner Korn an.

Diese Entwicklung mag eine um so aufmerksamere Beachtung finden, als neben der Anwendung, welche ich vom Gattungsquotienten zur Berechnung der Feldsysteme machen werde, er, meines Erachtens, zugleich der natürlichste Ausdruck zur Abschätzung des Ackers ist, und den so willkürlichen Grundlagen unserer Taxprincipien wohl vorgezogen zu werden verdient.

Wenn ein Boden zur Erzeugung von 1^c Korn nicht mehr, als 1^0 Reichthum als Ersatz bedarf, so nenne ich ihn **gesund**;

bedürftig hingegen, wenn dieser Ersatz nicht genügt, den Reichthum zu erstatten, den er vor der Erndte besaß.

Erfordert der *gesunde Boden* weniger als 1^0 Reichthum zur Erzeugung von 1^c Korn als Ersatz, so nenne ich ihn **kräftig;** wenn aber 1^c Kornerzeugung 1^0 Reichthum in Anspruch nimmt, so heißt der Boden **gemäßigt**.

Den *bedürftigen Boden* nenne ich **hitzig,** sobald sich seine productive Thätigkeit entweder durch abnehmende Wärme oder durch zunehmende Feuchtigkeit erhöht; **kalt** hingegen, wenn sich seine productive Thätigkeit entweder durch zunehmende Wärme oder durch abnehmende Feuchtigkeit steigert.

So bildet sich also folgendes *Schema* von den *Bodengattungen.*

Der Boden ist

gesund — bedürftig

kräftig — gemäßigt — hitzig — kalt,

welche Gattungen durch den Gattungsquotienten ihren nähern numerischen Ausdruck erhalten.

Wir dürfen demnach auch von den Gattungen des Bodens die Erklärung abgeben: daß, *wenn im Gattungsquotienten der Zähler* (r') *dem Nenner gleich,* de *Boden gemäßigt sei; wenn aber der Zähler kleiner oder größer, als der Nenner ist, der Boden im ersten Falle als kräftig,* im andern als *bedürftig* (*hitzig* oder *kalt*) *erkannt werde.*

Zweites Capitel.

Entwicklung der Formeln zur Berechnung der Feldsysteme.

§. 10.

Die allgemeinen Formeln des Ertrags und der Erschöpfung.

Bevor wir durch Rechnung die Erfolge der verschiedenen Feldsysteme darstellen können, müssen wir zuvor die bisher betrachteten Elemente in eine richtige Verbindung bringen und allgemeine Formeln daraus ableiten, was der Gegenstand dieses §. sein wird.

Im folgenden §. werde ich sodann die Aufgabe zu lösen suchen, aus dem als bekannt vorausgesetzten Ertrage des Bodens, unter allen Verhältnissen seiner Ertragsfähigkeit, und aus dem zur Erhaltung desselben nöthigen Ersatze, die Werthe der Elemente selbst zu bestimmen.

Die Erndte, welche wir vom Boden beziehen, ist stets ein Product der productiven Thätigkeit und des Reichthums. Mithin erscheint

die 1ste Erndte

in der Gleichung $ptr = k_1$.

Die **Erschöpfung** dieser Erndte ist das Product der quantitativen Thätigkeit mit dem Reichthume, — vermindert um den Werth des natürlichen Ersatzes. Sie erscheint also in dem Ausdruck

$$\mathbf{tr} - \varrho \mathbf{k_1} \quad (\S.\ 9.)$$

und da $k_1 = ptr$

so ist $tr - \varrho k_1 = tr - \varrho ptr = (1 - \varrho p) tr$.

Mithin ist der **Rest des Reichthums** nach der 1sten Erndte

$$r-(1-\varrho p)tr=(1-[1-\varrho p]t)r.$$

Bleiben nun alle Verhältnisse der Thätigkeit und des natürlichen Ersatzes dieselben, wie es angenommen werden muß, weil wir nirgends den Jahresertrag, sondern nur den Durchschnittsertrag in Rechnung ziehen, so ist

die 2te Erndte,

mit k_2 bezeichnet, wiederum ein Product derselben Thätigkeit mit dem Reste des Reichthums nach der ersten Erndte, also

$$pt(1-[1-\varrho p]t)r=k_2.$$

Dann ist der Ausdruck der Erschöpfung nach der zweiten Erndte

$$t(1-[1-\varrho p]t)r-\varrho k_2$$

oder, weil $k_2=pt(1-[1-\varrho p]t)r$

also $\varrho k_2=\varrho pt(1-[1-\varrho p]t)r$

so ist $t(1-[1-\varrho p]t)r-\varrho k_2$

$$=t(1-[1-\varrho p]t)r-\varrho pt(1-[1-\varrho p]t)r$$

$$=(1-\varrho p)\cdot(1-[1-\varrho p]t)tr.$$

Also der 2te Rest:

$$(1-[1-\varrho p]t)r-(1-\varrho p)(1-[1-\varrho p]t)tr$$

$$=(1-[1-\varrho p]t\cdot(1-[1-\varrho p]t)r$$

$$=(1-[1-\varrho p]t)^2r.$$

Demnach ist

die 3te Erndte

$$pt(1-[1-\varrho p]t)^2r=k_3.$$

Der Ausdruck der Erschöpfung nach der 3ten Erndte

$$t(1-[1-\varrho p]t)^2r-\varrho pt(1-[1-\varrho p]t)^2r$$

$$=(1-\varrho p)(1-[1-\varrho p]t)^2tr.$$

Also der 3te Rest:

$$(1-[1-\varrho p]t)^2r-(1-\varrho p)(1-[1-\varrho p]t)^2tr$$

$$=(1-[1-\varrho p]t.(1-[1-\varrho p]t)^2r$$

$$=(1-[1-\varrho p]t)^3r.$$

Da kein neues Element in diese Reihe tritt, so übersehen wir nunmehr vollständig **das Gesetz der Erndtefolge und der Erschöpfung.**

A, **Die nte Erndte** würde sein:

$$\mathbf{pt}(1-[1-\varrho p]t)^{n-1}r=\mathbf{k}_n$$

B, Die Erschöpfung dieser nten Erndte:

$$(1-\varrho p)(1-[1-\varrho p]t)^{n-1}\mathbf{tr}$$

C, Der Rest nach der nten Erndte:

$$(1-[1-\varrho p]t)^n\mathbf{r}.$$

D, Die Erschöpfung sämmtlicher n Erndten:

$$r-(1-[1-\varrho p]t)^n r$$
$$=(1-[1-(1-\varrho p)t]^n)r.$$

Die Erndtefolge bildet also, wenn ϱ, p, t unverändert bleiben, eine geometrische Reihe, deren erstes Glied k_1 und deren Exponent $1-(1-\varrho p)t$ ist.

§ 11.

Die Werthe der Factoren, welche den Ertrag des Bodens bestimmen, in allgemeinen Ausdrücken.

Der Reichthum eines Bodens und seine productive Thätigkeit wird sich in Zahlenwerthen ausdrücken lassen, wenn der Ertrag zweier, unter gleichen Culturverhältnissen (d. h. ohne daß die Größen ϱ, p, t sich ändern) auf einander folgenden Erndten und der dafür zu gewährende Ersatz bekannt ist.

Drückt also in der Fruchtfolge: **Brache, Roggen, Brache, Roggen** k_1 den Kornertrag der ersten Erndte, k_2 den Kornertrag der zweiten Erndte und r' den dafür zu gewährenden Ersatz aus; oder mit andern Worten: ist der Gattungsquotient $\frac{r'}{k_1+k_2}$ in seinen Elementen bekannt, so kann die productive Thätigkeit und der Reichthum des Bodens in Zahlen bestimmt werden.

Es war, wie im vorstehenden Paragraphen entwickelt ist, die allgemeine Formel des Ertrags für die nte Erndte

$$pt(1-[1-\varrho p]t)^{n-1}r=k_n.$$

Wir erhalten also, wenn wir in diese Gleichung zunächst $n=1$, sodann $n=2$ setzen:

die 1ste Erndte $ptr=k_1$

$$\text{also} \quad r=\frac{k_1}{pt}$$

die 2te Erndte

$$pt(1-[1-\varrho p]t)r=k_2.$$

Dividiren wir diese zweite Erndte durch die erste, so entsteht

$$\frac{pt(1-[1-\varrho p]t)r}{ptr}=\frac{k_2}{k_1}$$

$$\text{oder} \quad 1-(1-\varrho p)t=\frac{k_2}{k_1}$$

$$\text{also} \quad (1-\varrho p)t=1-\frac{k_2}{k_1}$$

$$\text{oder} \quad (1-\varrho p)t=\frac{k_1-k_2}{k_1}$$

$$\text{demnach} \quad \mathbf{t}=\frac{1}{1-\varrho p}\cdot\frac{k_1-k_2}{k_1}$$

$$\text{und} \quad \mathbf{pt}=\frac{p}{1-\varrho p}\cdot\frac{k_1-k_2}{k_1}$$

Weil nun

$$r=\frac{k_1}{pt}=\frac{1}{pt}k_1$$

$$\text{so ist auch } r=\frac{1}{\frac{p}{1-\varrho p}\cdot\frac{k_1-k_2}{k_1}}k_1$$

$$\text{also} \quad \mathbf{r}=\frac{1-\varrho p}{p}\cdot\frac{k_1^2}{k_1-k_2}.$$

Aber bei den Werthen für pt und r begegnen wir im Quotienten $\frac{1-\varrho p}{p}$ wiederum derselben Schwierigkeit, der wir in §. 9 gedachten. Wir werden sie auf dieselbe Weise lösen durch nachstehende Operation.

Aus der allgemeinen Formel (§. 10) für die Erschöpfung von n Erndten

$$(1-[1-(1-\varrho p)t]^n)r$$

ergiebt sich, weil für die Erndten $k_1 + k_2$ das $n = 2$ ist, die Erschöpfung dieser beiden Erndten

$$(1 - [1 - (1 - \varrho p)t]^2)r$$

und da der Ersatz, den ich ein für allemal mit r' bezeichne, der Erschöpfung beider Erndten gleich sein muß, so ist

$$(1 - [1 - (1 - \varrho p)t]^2)r = r'.$$

Weil wir nun ferner bereits gefunden haben

$$1 - (1 - \varrho p)t = \frac{k_2}{k_1}$$

so ist
$$\left[1 - \left(\frac{k_2}{k_1}\right)^2\right]r = r';$$

den obigen Werth von r in diese Gleichung gesetzt, giebt

$$\left[1 - \left(\frac{k_2}{k_1}\right)^2\right]\frac{k_1^2}{k_1 - k_2} \cdot \frac{1 - \varrho p}{p} = r'$$

oder
$$\frac{k_1^2 - k_2^2}{k_1^2} \cdot \frac{k_1^2}{k_1 - k_2} \cdot \frac{1 - \varrho p}{p} = r'$$

oder
$$(k_1 + k_2) \cdot \frac{1 - \varrho p}{p} = r'$$

also
$$k_1 + k_2 = \frac{pr'}{1 - \varrho p}$$

mithin
$$\frac{p}{1 - \varrho p} = \frac{k_1 + k_2}{r'}$$

und
$$\frac{1 - \varrho p}{p} = \frac{r'}{k_1 + k_2}.$$

Setzen wir nun in die Gleichungen

$$pt = \frac{p}{1 - \varrho p} \cdot \frac{k_1 - k_2}{k_1}$$

und
$$r = \frac{1 - \varrho p}{p} \cdot \frac{k_1^2}{k_1 - k_2}$$

die so eben gefundenen Werthe für

$$\frac{p}{1 - \varrho p} \text{ und } \frac{1 - \varrho p}{p}$$

so ist
$$\mathbf{pt} = \frac{k_1 + k_2}{r'} \cdot \frac{k_1 - k_2}{k_1}.$$

Mithin ist **die Gleichung für die productive Thätigkeit**

$$E, \quad \mathbf{pt} = \frac{\mathbf{k}_1^2 - \mathbf{k}_2^2}{\mathbf{r}'\mathbf{k}_1}$$

und da aus r entsteht $\frac{r'}{k_1+k_2} \cdot \frac{k_1^2}{k_1-k_2}$

so ist **die Gleichung für den Reichthum**

$$F, \quad \mathbf{r} = \frac{\mathbf{r'k_1^2}}{\mathbf{k_1^2 - k_2^2}}$$

Die gestellte Aufgabe wäre hiermit vollständig gelöst. Uns würde nur noch übrig bleiben, aus den Formeln A, B, C, D, (§. 10.) die unbestimmten Werthe p, t, ϱ, r zu entfernen und mit den im Gattungsquotienten $\frac{r'}{k_1+k_2}$ gegebenen Größen der ersten und zweiten Erndte und des Ersatzes zu vertauschen

Wir finden in A den Ausdruck der nten Erndte

$$k_n' = pt(1-[1-\varrho p]t)^{n-1}r.$$

Die Werthe von pt und r sind in den Gleichungen E und F gegeben, und der Werth von $1-(1-\varrho p)t$ ist bereits in dem Ausdrucke $\frac{k_2}{k_1}$ gefunden. Substituiren wir diese Werthe in die Gleichung für k_n

so ist $$k_n = \frac{k_1^2-k_2^2}{r'k_1} \cdot \frac{k_2^{n-1}}{k^{n-1}} \cdot \frac{r'k_1^2}{k_1^2-k_2^2}$$

oder $$k_n = \frac{k_2^{n-1}k_1}{k_1^{n-1}}$$

also: G, der Werth der nten Erndte:

$$\mathbf{k_n} = \frac{\mathbf{k_2^{n-1}}}{\mathbf{k_1^{n-2}}}$$

Ganz auf ähnliche Weise, durch bloße Substitutionen in die Gleichungen B, C, D finden wir

H, die Erschöpfung der nten Erndte:

$$\frac{\mathbf{r'k_2^{n-1}}}{\mathbf{(k_1+k_2)k_1^{n-2}}}.$$

I, den Rest nach der nten Erndte:

$$\frac{\mathbf{r'k_2^n}}{\mathbf{k_1^{n-2}.(k_1^2-k_2^2)}}.$$

K, die Erschöpfung sämmtlicher n Erndten:

$$\frac{k_1^n - k_2^n}{k_1^n} \cdot \frac{r' k_1^2}{k_1^2 - k_2^2}$$

§. 12.

Die Bestimmung der **veränderten** productiven Thätigkeit beim Anbau einer zweiten Kornfrucht.

Der Gattungsquotient, dessen Nenner die Erträge zweier Kornerndten, wie sie aus gleichen Verhältnissen des Anbaues hervorgehen, und dessen Zähler den dafür zu leistenden Ersatz ausdrückt, enthält keine Bestimmung zur Berechnung der **veränderten** productiven Thätigkeit, wenn die zweite Kornfrucht das Resultat veränderter Anbauverhältnisse ist. Wäre z. B. die erste Erndte nach reiner Brache, die zweite unmittelbar in der Stoppel der vorangegangenen erbaut worden, wie es im Dreifeldersystem gewöhnlich geschieht, so muß die zweite Frucht, schon als Product eines viel kürzern Zeitraums, aus einer veränderten productiven Thätigkeit hervorgehen. Aber die Bestimmung dieser veränderten productiven Thätigkeit kann doch nur aus der Kennniß des Ertrages dieser zweiten Frucht abgeleitet werden.

Gesetzt die erste Erndte nach einem Brachjahre wäre:

$$\mathbf{ptr = k_1}$$

und der Gattungsquotient:

$$\frac{\mathbf{r'}}{\mathbf{k_1 + k_2}}$$

so ist die Erschöpfung, weil der Gattungsquotient immer nur die Erschöpfung für 1^c Korn ausdrückt (§. 9.)

$$\frac{\mathbf{r' k_1}}{\mathbf{k_1 + k_2}}$$

und der Rest

$$\mathbf{r} - \frac{r' k_1}{k_1 + k_2}$$

Folgt nun dieser Erndte unmittelbar, also ohne vorbereitende Brache, eine andere Kornfrucht, so wird sie unter einer veränderten productiven Thätigkeit **(pt)'** entstehen.

Bezeichnen wir also diese zweite Erndte mit $k_{,,}$, so ist die Ertragsgleichung:

$$(pt)' . \left(r - \frac{r' k_1}{k_1 + k_2}\right) = \mathbf{k_{,,}}$$

in welcher zwei unbekannte Größen, nämlich $(pt)'$ und $k_{,,}$ erscheinen. Nothwendig muß uns also $\mathbf{k_{,,}}$ aus Erfahrung oder durch Schätzung gegeben sein, um $(\mathbf{pt})'$ bestimmen zu können.

Ist uns aber der Werth der zweiten Erndte $k_{,,}$ bekannt, so läßt sich $(pt)'$ auf folgende Weise ableiten.

Weil nach der Gleichung F

$$r = \frac{r' k_1^2}{k_1^2 - k_2^2}$$

so ist

$$r' = \frac{r(k_1^2 - k_2^2)}{k_1^2}$$

Substituiren wir diesen Werth von r' in dem Reste

$$r - \frac{r' k_1}{k_1 + k_2}$$

so erscheint dieser Rest in der Form

$$r - \frac{r(k_1^2 - k_2^2)}{k_1^2} . \frac{k_1}{k_1 + k_2}$$

$$= r - \frac{r(k_1 - k_2) k_1}{k_1^2}$$

$$= r - \frac{r(k_1 - k_2)}{k_1}$$

$$= r\left(1 - \frac{k_1 - k_2}{k_1}\right)$$

$$= r\left(\frac{k_1 - k_1 + k_2}{k_1}\right)$$

$$= r\left(\frac{k_2}{k_1}\right).$$

Und setzen wir nunmehr $r \frac{k_2}{k_1}$ anstatt $r - \frac{r' k_1}{k_1 + k_2}$ in die Gleichung

$$(pt)' \left(r - \frac{r' k_1}{k_1 + k}\right) = k_{,,}$$

so ist $$(pt)'\frac{rk_2}{k_1} = k_{,,}$$

also $$L,\quad (pt)' = \frac{k_1 k_{,,}}{rk_2}.$$

§. 13.

Zahlen-Beispiele.

Nachdem wir nunmehr für die Gattungsquotienten den Ausdruck

$$\frac{r'}{k_1 + k_2}$$

gefunden haben und hieraus für die productive Thätigkeit die Gleichung:

$$E,\quad pt = \frac{k_1^2 - k_2^2}{r'k_1}$$

für den Reichthum die Gleichung:

$$F,\quad r = \frac{r'k_1^2}{k_1^2 - k_2^2}$$

ableiteten, wird es unsere Aufgabe sein, die Rechnung selbst in einem Beispiele zu zeigen. Sie setzt die Kenntniß der Werthe von r', k_1 und k_2 durch Schätzung oder als geschichtliche Data voraus.

In der Regel wird man diese Rechnungen mit Decimalbrüchen führen. Weil aber letztere nicht immer genau den Werth der gemeinen Brüche ausdrücken, so entstehen in diesen Berechnungen leicht kleine Differenzen, die — für den eigentlichen Zweck zwar gleichgültig — hier, wo die volle Uebereinstimmung der Resultate gezeigt werden soll, vermieden werden müssen.

Ich wähle drei verschiedene Bodengattungen eines ganz gleichen Kornertrages, berechne sie zunächst als reines Brachsystem in zwei Feldern auf beide Weisen, mit gemeinen und Decimalbrüchen; sodann werde ich dieselben Bodengattungen im Dreifeldersystem mit reiner Brache der Berechnung unterziehen.

I. Berechnung des reinen Brachsystems in zwei Feldern.

1) in gemeinen Brüchen.

a. Es sei der Gattungsquotient eines kräftigen Bodens $\frac{14}{9+7}$

so ist
$$pt = \frac{9^2 - 7^2}{14 . 9} = \frac{16}{63}$$
$$r = \frac{14 . 9^2}{9^2 - 7^2} = \frac{567}{16}.$$

Erndte.	Ertragsfähigkeit.	Ertrag.	Erschöpfung.	Rest.
1ste	$\frac{16}{63} \cdot \frac{567}{16}$	9^c	$\frac{14}{16} \cdot 9 - \frac{126}{16}$	$\frac{441}{16}$
2te	$\frac{16}{63} \cdot \frac{441}{16}$	7^c	$\frac{14}{16} \cdot 7 - \frac{98}{16}$	$\frac{343}{16}$
	Summa	16^c	$\frac{224}{16} = 14^o$	

b. Es sei der Gattungsquotient eines gemäßigten Bodens $\frac{16}{9+7}$

so ist
$$pt = \frac{9^2 - 7^2}{16.9} = \frac{16}{72}$$
$$r = \frac{16.9^2}{9^2 - 7^2} = \frac{648}{16}.$$

Erndte.	Ertragsfähigkeit.	Ertrag.	Erschöpfung.	Rest.
1ste	$\frac{16}{72} \cdot \frac{648}{16}$	9^c	$\frac{16}{16} \cdot 9 - \frac{144}{16}$	$\frac{504}{16}$
2te	$\frac{16}{72} \cdot \frac{504}{16}$	7^c	$\frac{16}{16} \cdot 7 = \frac{112}{16}$	$\frac{392}{16}$
	Summa	16^c	$\frac{256}{16} = 16^o$	

c. Es sei der Gattungsquotient eines bedürftigen Bodens $\frac{18}{9+7}$

so ist $$pt = \frac{9^2 - 7^2}{18.9} = \frac{16}{81}$$
$$r = \frac{18.9^2}{9^2 - 7^2} = \frac{729}{16}.$$

Erndte.	Ertragsfähigkeit.	Ertrag.	Erschöpfung.	Rest.
1ste	$\frac{16}{81} \cdot \frac{729}{16}$	9^c	$\frac{18}{16} \cdot 9 = \frac{162}{16}$	$\frac{567}{16}$
2te	$\frac{16}{81} \cdot \frac{567}{16}$	7^c	$\frac{18}{16} \cdot 7 = \frac{126}{16}$	$\frac{441}{16}$
	Summa	16^c	$\frac{288}{16} = 18^0$	

2) in Decimalen:

Ich verfolge nun dieselbe Rechnung mit Decimalen; jedoch werde ich die Erndtefolge für drei Erndten berechnen, um Ertrag und Erschöpfung mit der folgenden Dreifelderwirthschaft unmittelbar in Vergleichung stellen zu können.

a. Der Gattungsquotient des kräftigen Bodens war $\frac{14}{9+7} = 0{,}875$

pt war berechnet $\frac{16}{63} = 0{,}254$

r ist berechnet $\frac{567}{16} = 35{,}44$.

Erndte.	Ertragsfähigkeit.	Ertrag.	Erschöpfung.	Rest.
1ste	0,254 . 35,44	9^c	0,875 . 9 = 7,87	27,57
2te	0,254 . 27,57	7^c	0,875 . 7 = 6,13	21,44
3te	0,254 . 21,44	$5{,}45^c$	0,875 . 5,45 = 4,77	16,67
	Summa	$21{,}45^c$	$18{,}77^0$	

Es werden jährlich pro Morgen

erzeugt: $3{,}57^c$ und erschöpft: $3{,}13^0$.

b. Der Gattungsquotient des gemäßigten Bodens war

$$\frac{16}{9+7} = 1$$

pt war berechnet $\frac{16}{72} = 0{,}222$

r ist berechnet $\frac{648}{16} = 40{,}5$.

Erndte.	Ertragsfähigkeit.	Ertrag.	Erschöpfung.	Rest.
1ste	0,222 . 40,5	9^c	1 . 9 = 9	31,5
2te	0,222 . 31,5	7^c	1 . 7 = 7	24,5
3te	0,222 . 24,5	$5{,}44^c$	1 . 5,44 = 5,44	19,06
	Summa	$21{,}44^c$	$21{,}44^0$	

Es werden jährlich pro Morgen
erzeugt: $3{,}57^c$ und erschöpft: $3{,}57^0$.

Anmerkung zu b.

Wäre dieser gemäßigte Boden vor der ersten Erndte nur so reich gewesen, als der kräftige, anstatt mit ihm eine gleiche, aber aus andern Factoren zusammengesetzte Ertragsfähigkeit zu besitzen, so würde Ertrag und Erschöpfung in nachstehendes Verhältniß getreten sein.

Der Gattungsquotient also wiederum $= \frac{16}{9+7} = 1$

pt $= 0{,}222$, wie vorhin.

r $= 35{,}44$, wie bei a.

Erndte.	Ertragsfähigkeit.	Ertrag.	Erschöpfung.	Rest.
1ste	0,222 . 35,44	$7{,}87^c$	1 . 7,87 = 7,87	27,57
2te	0,222 . 27,57	$6{,}12^c$	1 . 6,12 = 6,12	21,45
3te	0,222 . 21,45	$4{,}76^c$	1 . 4,76 = 4,76	16,69
	Summa	$18{,}75^c$	$18{,}75^0$	

Es werden jährlich pro Morgen
erzeugt: $3{,}13^c$ und erschöpft: $3{,}13^0$.

c. Der Gattungsquotient des **bedürftigen** Bodens war $\frac{18}{9+7} = 1{,}125$

pt war berechnet $\frac{16}{81} = 0{,}198$

r ist berechnet $\frac{729}{16} = 45{,}56$.

Erndte.	Ertragsfähigkeit.	Ertrag.	Erschöpfung.	Rest.
1ste	0,198 . 45,56	9^c	1,125 . 9 = 10,13	35,43
2te	0,198 . 35,43	7^c	1,125 . 7 = 7,88	27,55
3te	0,198 . 27,55	$5{,}45^c$	1,125 . 5,45 = 6,13	21,42
	Summa	$21{,}45^c$	$24{,}14^0$	

Es werden jährlich pro **Morgen** erzeugt: $3{,}57^c$ und erschöpft: $4{,}02^0$.

Anmerkung zu c.

Geben wir diesem **bedürftigen** Boden wiederum nur den Reichthum des **kräftigen**, und setzen also

den Gattungsquotienten, wie eben, $= \frac{18}{7+9} = 1{,}125$

pt wie vorhin $= 0{,}198$

r jedoch wie bei $a = 35{,}44$

so treten nachstehende Verhältnisse des Ertrages und der Erschöpfung ein:

Erndte.	Ertragsfähigkeit.	Ertrag.	Erschöpfung.	Rest.
1ste	0,198 . 35,44	7^c	1,125 . 7 = 7,88	27,56
2te	0,198 . 27,56	$5{,}45^c$	1,155 . 5,45 = 6,13	21,43
3te	0,198 . 21,43	$4{,}24^c$	1,125 . 4,24 = 5,3	16,13
	Summa	$16{,}69^c$	$19{,}31^0$	

Es werden jährlich pro **Morgen** erzeugt: $2{,}78^c$ und erschöpft: $3{,}22^0$.

Zusatz: Es kann noch interessant sein, aus einem Beispiele zu sehen, wie sich die Etragsfähigkeit des Bodens verändert, wenn zwar die Summe des Ertrages der beiden Erndten im Nenner des Gattungsquotienten unverändert bleibt, aber das Verhältniß beider Erndten zu einander ein anderes wird.

Es sei also, wie bisher die Summe beider Erndten $= 16^c$; aber das Verhältniß von $9^c : 7^c$ verändere sich in das Verhältniß von $8{,}2^c : 7{,}8^c$, so wird, wenn wir die gemäßigte Bodengattung wählen,

der Gattungsquotient sein: $\frac{16}{8{,}2 + 7{,}8}$;

dann ist $$pt = \frac{8{,}2^2 - 7{,}8^2}{16 \,.\, 8{,}2} = \frac{6{,}4}{131{,}2} = 0{,}0488$$

und $$r = \frac{16 \,.\, 8{,}2^2}{8{,}2^2 - 7{,}8^2} = \frac{1075{,}84}{6{,}4} = 168{,}1.$$

Erndte.	Ertragsfähigkeit.	Ertrag.	Erschöpfung.	Rest.
1ste	0,0488 . 168,1	$8{,}2^c$	1 . 8,2 = 8,2	159,9
2te	0,0488 . 159,9	$7{,}8^c$	1 . 7,8 = 7,8	152,1
3te	0,0488 . 152,1	$7{,}4^c$	1 . 7,4 = 7,4	144,7
	Summa	$23{,}4^c$	$23{,}4^0$	

Es werden jährlich pro Morgen

erzeugt: $3{,}9^c$ und erschöpft: $3{,}9^0$.

II. Berechnung des Dreifeldersystems.
(In Decimalen.)

Die Berechnung des Dreifeldersystems setzt voraus, daß die productive Thätigkeit für die Sommerbestellung aus der Schätzung ihres Ertrages ermittelt werden könne, wozu die §. 12. abgeleitete Gleichung

$$(pt)' = \frac{k_1 \, k_{{,}{,}}}{r \, k_2} \text{ dient.}$$

a. Ist mithin der Gattungsquotient des kräftigen Bodens wiederum $\frac{14}{9+7} = 0{,}875$

und die Schätzung der Sommerfrucht nach der ersten Erndte 6^c,

so ist
$$pt = 0{,}254$$
$$r = 35{,}44$$

und
$$(pt)' = \frac{9 \,.\, 6}{35{,}44 \,.\, 7} = 0{,}217$$

daher für das wiederholte System: „Reine Brache, Roggen, Hafer;" „reine Brache, Roggen, Hafer" die Rechnung folgende:

Erndte.	Ertragsfähigkeit.	Ertrag.	Erschöpfung.	Rest.
1ste	0,254 . 35,45	9^c Roggen	0,875 . 9 = 7,87	27,57
2te	0,217 . 27,57	6^c Hafer	0,875 . 6 = 5,25	22,32
3te	0,254 . 22,32	$5{,}67^c$ Roggen	0,875 . 5,67 = 4,96	17,36
4te	0,217 . 17,36	$3{,}76^c$ Hafer	0,875 . 3,76 = 3,29	14,07
		Summa $24{,}43^c$	$21{,}37^0$	

Es werden jährlich pro Morgen
gewonnen: $4{,}07^c$ und erschöpft: $3{,}56^0$

b. Ist der Gattungsquotient des gemäßigten Bodens $\frac{16}{9+7} = 1$, so ist, wie schon oben (I. 2, b.) berechnet
$$pt = 0{,}222$$
$$r = 40{,}5$$

und ist die Schätzung für die Sommerfrucht die obige,

so ist
$$(pt)' = \frac{9 \,.\, 6}{40{,}5 \,.\, 7} = \frac{54}{283{,}5} = 0{,}19.$$

Erndte.	Ertragsfähigkeit.	Ertrag.	Erschöpfung.	Rest.
1ste	0,222 . 40,5	9^c Roggen	1 . 9 = 9	31,5
2te	0,19 . 31,5	6^c Hafer	1 . 6 = 6	25,5
3te	0,222 . 25,5	$5{,}66^c$ Roggen	1 . 5,66 = 5,66	19,84
4te	0,19 . 19,84	$3{,}77^c$ Hafer	1 . 3,77 = 3,77	16,07
	Summa	$24{,}43^c$	$24{,}43^0$	

Es werden jährlich pro Morgen
gewonnen: $4{,}07^c$ und erschöpft: $4{,}07^0$.

c. Für den bedürftigen Boden hatten wir den Gattungsquotienten $\frac{18}{9+7} = 1{,}125$

$$pt \text{ ist } = 0{,}198$$
$$r \text{ ist } = 45{,}56$$

und ist die Schätzung des Sommerkorns wiederum 6^c, so ist $(pt)' = \frac{9 \cdot 6}{45{,}56 \cdot 7} = \frac{54}{318{,}92} = 0{,}17$.

Erndte.	Ertragsfähigkeit.	Ertrag.	Erschöpfung.	Rest.
1ste	0,198 . 45,46	9^c Roggen	1,125 . 9 = 10,13	35,43
2te	0,17 . 35,43	6^c Hafer	1,125 . 6 = 6,75	28,68
3te	0,198 . 28,68	$5{,}67^c$ Roggen	1,125 . 5,67 = 6,38	22,3
4te	0,17 . 22,3	$3{,}78^c$ Hafer	1,125 . 3,78 = 4,25	18,05
	Summa	$24{,}45^c$	$27{,}51^0$	

Es werden jährlich pro Morgen
gewonnen: $4{,}07^c$ und erschöpft: $4{,}58^0$.

Diese Beispiele werden zur Darstellung der Berechnung einfacher Feldsysteme, in welchen nur ein Halmfruchtbau stattfindet, genügen.

§. 14.

Die Rechnungssphären.

Es ist eine Erfahrung, die außer Zweifel steht, daß wir einerseits keinen Boden durch fortgesetzten Kornbau ganz erschöpfen können, anderseits ihn nie, blos durch vermehrte Düngung, über eine bestimmte Höhe seines Kornertrags zu erheben vermögen. Das Minimum wird zwar sinken, wenn wir die Zahl der unmittelbar auf einander folgenden Kornfrüchte, ohne sie durch eine neue Brache zu unterbrechen, vermehren; das Maximum wird steigen, wenn wir bei verstärkter Düngung die Ackerkrume vertiefen: aber immer tritt nach beiden Seiten hin ein Stillstand ein, wenn diese Culturverhältnisse unverändert bleiben.*)

Diese Erscheinung drückt sich in einer Reihe auf einander folgender Erndten nicht aus, weil sie genau dem Gesetz der geometrischen Progressionen folgen.

Vergleichen wir außerdem in dieser Beziehung zwei verschiedene Bodengattungen, etwa eine kräftige und eine hitzige, so werden die Erträge des kräftigen Bodens zwar viel langsamer abnehmen, aber nach einer größeren Zahl von Erndten müßte, der Rechnung nach, auch dieser Boden auf verschwindend kleine Größen herabsinken, in der Art, daß die Erträge beider Bodengattungen gleich unbedeutend erscheinen.

Die Beobachtung zeigt uns aber einen andern

---

*) Herr von Thünen sagt in der zweiten Auflage des „Isolirten Staats" S. 66:

„Die Beobachtungen haben ergeben:

1) daß, wenn man Ackerstücke von gleicher Bodenbeschaffenheit und gleichem Reichthum mit 3, 4, 5, 6 u. s. f. Fuder Dung pro 100 Qu.-R. befährt, jedes mehr hinzugefügte Fuder Dung einen immer geringeren Zuwachs an Ertrag liefert;

2) daß beim fortgesetzten Anbau des Bodens mit aussaugenden Gewächsen ohne Dungersatz der Ertrag nicht bis zu Null herabzubringen ist, sondern sich einem Beharrungspuncte, verschieden nach der verschiedenen physischen Beschaffenheit des Bodens, immer mehr nähert."

Erfolg: der kräftige Boden wird, während der Ertrag des hitzigen unter den Betrag der Einsaat fällt, letztere immer noch vervielfältigen und sich auf diesem Punct fixiren.

Die Methodik ist zwar nicht der Ort zur Erklärung physischer Erscheinungen, indem sie blos die quantitativen Verhältnisse der Vegetation zu beobachten und zu bestimmen strebt; indessen sei es gestattet, zum Nutzen einer tieferen Einsicht in unsere Formeln selbst eine Ansicht über das wahre Verhältniß des sinkenden und steigenden Ertrags aufzustellen.

Im §. 8 ist der natürliche Ersatz als ein Product aus der Größe der Erndten und einer aus der Natur des Bodens bestimmten Verhältnißzahl ϱ dargestellt, was nicht genau richtig ist. Denn nur in Verbindung mit dem Vorrathe, der sich durch die Thätigkeit in Reichthum verwandelt, constituirt die Größe der Erndten (als Maaß der Wirkung betrachtet) den einen Factor vollständig. Bezeichnen wir also den Vorrath durch v, so wäre der genauere Ausdruck des natürlichen Ersatzes $\varrho(tv+k)$, in welchem k eine immer veränderliche, v zwar für verschiedene Boden eine andere, aber für denselben Boden eine constante Größe ist (weil die Zeiträume, welche bei dieser Rechnung in Betrachtung kommen, viel zu klein sind, um eine Verminderung des Vorraths bemerkbar zu machen). Tritt aber der natürliche Ersatz in dieser Gestalt auf, so führt die Reihe der Reste nothwendig auf einen festen Punct im Minimum des Ertrages, welcher vom Vorrathe abhängig ist.

Die andere Größe, die des Maximums des Ertrages, wird nicht durch die constante Größe des Vorraths, sondern durch den Umstand bestimmt, daß die verstärkte Düngung, welche auf ein Maximum führt und durch diese Verstärkung nur den Höhepunct des Ertrages behaupten kann, die improductive Thätigkeit vergrößert, und daß die Organisation der Pflanzen, deren Kornertrag doch unser Maaß bildet, durch den Ueberfluß an dargebotener Nahrung leidet.

Nach dieser Ansicht steht also die productive Thätigkeit in Abhängigkeit von der Größe r′; p wird kleiner, wenn r' wächst, und müßte vielleicht den Ausdruck $\frac{p'}{r'}$ erhalten. Es scheint mir aber, wenigstens in der ersten Bildungsperiode unserer Rechnungsform, keinen practischen Nutzen zu gewähren, wenn wir in Folge dieser Erkenntnisse für den productiven Factor p den Quotienten $\frac{p'}{r'}$ und für den natürlichen Ersatz den Ausdruck

$$\varrho\left(tv + \frac{p'}{r'}\, tr\right) = \varrho t\left(\frac{vr' + p'r}{r'}\right)$$

einführen wollten, weil wir so wenig einen Maaßstab zur Bestimmung des Vorraths, als genügende Beobachtungen über die Veränderung der productiven Thätigkeit durch ein verändertes Maaß der Düngung besitzen. Wir würden nur die einfache Rechnungsform der geometrischen Reihen, die sich so sehr zur bequemen Anwendung empfehlen, verlassen, und ohne erheblichen Gewinn in eine ermüdende und verwickelte Rechnung gerathen.

Demnach ist es nothwendig, den Spielraum unserer Rechnung nach beiden Richtungen hin zu begrenzen, und **Rechnungssphären** zu bilden, die unter das Regiment eines **veränderten** Gattungsquotienten treten.

Denken wir uns das **absolute Maximum**, also den höchsten Durchschnittsertrag, worauf der in Betrachtung stehende Boden unter den herrschenden climatischen Verhältnissen gebracht werden kann, mit M, sein **absolutes Minimum**, als den Punct, wo sich der niedrigste Ertrag fixirt, mit m ausgedrückt: so ist nach den vorhergegangenen Erläuterungen klar, daß bei der Annäherung an diese absoluten Grenzpuncte ein anderes Verhältniß des Ertrages zum Ersatze stattfindet, als bei mittlerem Ertrage. Haben wir also für diesen mittleren Ertrag einen Gattungsquotienten gefunden, so kann sich seine Rechnungssphäre nicht bis zum absoluten Maximum oder Minimum erstrecken, sondern nur bis zu zwei andern Puncten in gleichen Entfernungen vom mittleren Ertrage, so weit wir glauben, daß der Ertrag mit dem Ersatze in einem annähernd gleichen Verhältniß bleibt. Diese beiden Puncte nenne ich die **relativen Maxima** und **Minima**, weil sie sich nur auf den in Anwendung stehenden Gattungsquotienten beziehen, und bezeichne sie mit M′ und m′.

Stellen also die Endpuncte einer geraden Linie das *absolute Maximum* und *Minimum* des Ertrages eines bestimmten Bodens vor, bezeichnet der Gattungsquotient die Mitte zwischen beiden Endpuncten, so finden wir das *relative Maximum* und *Minimum* in gleichen Entfernungen von dieser Mitte, nach der Natur des Bodens den Endpuncten mehr oder weniger genähert, wie die folgende Figur in m′ und M′ anzeigen soll:

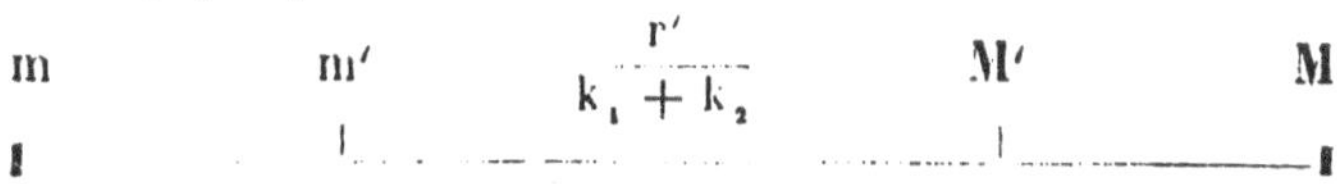

Die Sphäre zwischen m′ und M′ ist diejenige, in der sich der Landbau gewöhnlich bewegt. Ueberschreiten wir aber mit unsern Erträgen eine dieser Grenzen, z. B. die des relativen Maximums, so würde es zur Richtigkeit der Rechnung auch erfordert, den für diese neue Sphäre veränderten Gattungsquotienten zu setzen.

In der Figur:

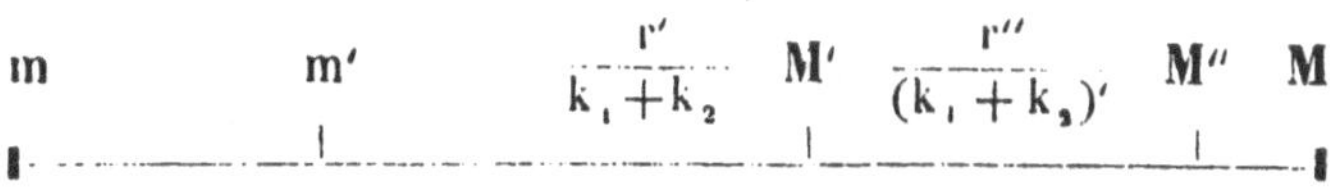

sei in der Annäherung zum absoluten Maximum der Ertrag über die Grenzen von M′ vorgeschritten, so muß auch nothwendig ein anderer Gattungsquotient $\frac{r''}{(k_1+k_2)'}$ für dessen Sphäre M′ das relative Minimum, M″ das relative Maximum ausdrückt, eintreten.

Was ich demnach unter: *relatives Maximum* und *Minimum* verstehe, bezeichnet immer die Grenzpuncte, innerhalb welcher sich die Rechnung des Ertrages mit der Sicherheit bewegen kann, um dem wirklichen Verhältniß nahe zu entsprechen. Das absolute Maximum und Minimum braucht deshalb nicht nothwendig bekannt zu sein, aber das relative muß immer bezeichnet werden.

Man kann hier die Bemerkung machen, daß, weil anerkanntermaaßen die Reihe des Ertrages mit der des Ersatzes keine gleichmäßig fortschreitende Progression bildet, doch immer bei Annäherung an die gesetzten relativen Grenzpuncte der Richtigkeit der Rechnung Eintrag geschehen muß.

In Anerkennung dieser Ausstellung wüßte ich nur zu entgegnen, daß gerade in der mittleren Sphäre, worin gewöhnlich die Erträge unserer Feldsysteme sich bewegen, der Unterschied des beregten Verhältnisses nur sehr geringe zu sein scheint, und daß man ja den andern Sphären einen beschränkteren Spielraum anweisen kann.

Es verhält sich übrigens mit dieser Rechnungsform, wie mit unsern Landcarten. Weil sie einen Theil einer Kugelfläche auf einer Ebene darstellen sollen, müssen sie nach einer gewissen Projection gezeichnet werden, und deshalb ist das Bild des Landes nicht überall gleich treu. Wie man hier gern kleinere Ländergebiete in dem Raume Eines Blattes umfaßt, so bildet man auch lieber kleinere Rechnungssphären. Immer aber ist die erste Bestimmung des Gattungsquotienten einflußreicher für die Resultate der Rechnung, als der Raum der Sphären.

Eine fast noch dringendere Gelegenheit zu einer andern Bemerkung findet man bei Betrachtung des verschiedenen Verhältnisses, worin der Gattungsquotient in den sich folgenden Rechnungssphären auftritt. Derselbe Boden, der in der mittleren Sphäre (wir wollen annehmen) als gemäßigt erscheint, wird in der Annäherung zum absoluten Maximum immer mehr den Character des bedürftigen, in der Bewegung nach der andern Richtung hin den des kräftigen annehmen. Aber es soll auch nur der Gattungsquotient der mittleren Sphäre sein, welcher die natürliche Gattung des Bodens bestimmt, und obschon jeder andere Quotient für seine Sphäre gleich bestimmend ist, so hat er doch nicht gleiches Recht. Zur Vermeidung jedes Mißverständnisses kann es nützlich sein, den veränderten Gattungsquotienten als **Erschöpfungsquotienten** zu bezeichnen.

Drittes Capitel.

Die Dünger-Erzeugung, gemessen nach Graden des Reichthums.

§. 15.

Die Unterscheidung von Dünger und Dung.

Wir bedienen uns gewöhnlich des Wortes „Dünger" für jeden Stoff, er mag organischen oder anorganischen Ursprungs sein, sobald er, im Zustande der Verwesung und Zersetzung, die Eigenschaft hat, unsern angebauten Pflanzen als Nahrungsmittel zu dienen.

Gleiche Gewichtsmassen solchen Stoffs aus verschiedener Zusammensetzung können sowohl an sich einen sehr verschiedenen productiven Werth besitzen (man vergleiche verfaultes Stroh und Taubenmist nach gleichem Gewicht), als insbesondere für die verschiedenen Pflanzen unsers Anbaus eine größere oder geringere productive Wirkung zeigen.

Unser Zweck erfordert es aber nur, blos den Theil des Reichthums im Boden, der zur Erzeugung des Korns dient und mit r bezeichnet wurde, in Rechnung zu ziehen, weil wir ohne diese Beschränkung keine sichre Grundlage gewinnen. Demnach ist es folgerichtig, daß wir auch von jedem Düngungsmittel nur den Theil in Rechnung bringen, der der Kornerzeugung dient.

Dies r, insofern es als Ersatz für die Erschöpfung des Bodens durch den Anbau erscheint, unterscheiden wir durch ein kleines Nebenzeichen von dem Reichthum im Boden und drücken es durch r' aus. Die Grade sowohl von r als die von r' enthalten immer den Nahrungsstoff zur Erzeugung von 1^c Korn, insoweit ihn die Pflanzen durch ihre Wurzeln beziehen; nur betrachten wir r als schon im Boden liegend, r' als noch außerhalb befindlich (letzteres ist der Dünger auf der Miststätte, der sich, dem Acker einverleibt, in r verwandelt). Daß wir auf kräftigem Boden von demselben r' mehr Korn erzeugen, als auf bedürftigem, ist blos Folge des dort herrschenden Verhältnisses der productiven Thätigkeit und des natürlichen Ersatzes. Immer aber besitzt 1^0 von r' denselben productiven Gehalt, wie eine und dieselbe Goldmünze überall denselben Gehalt an Gold, aber nicht überall gleichen Cours.

Unsere Futter- und Streumittel hinterlassen nach ihrer Anwendung zur Nahrung und Pflege unserer Hausthiere ein Product, welches den allgemeinsten Ersatz für die Erschöpfung durch unsere Erndten liefert. Weil nun aber die productiven Werthe dieser Excremente aus verschiedenen Futtermitteln auch verschieden sind, so reduciren wir diese Ueberbleibsel, um sie zur Aufnahme in die Rechnung geschickt zu machen, auf den Werth von r' und nennen die Quantität Dünger, die den Gehalt von 1^0 dieses r' besitzt, Einen Grad **Dung.** Wäre also ermittelt, daß aus der Verfutterung von 4^c Stroh oder von 3^c Heu 1^0 Dung hervorgingen, oder daß aus 48^c Kartoffeln 5^0 Dung entständen, so wäre der Düngerwerth dieser Futtermittel auf Dung reducirt, und es wird die Aeußerung allgemein verständlich sein, daß zwei, dem Gewichte nach, gleiche Ladungen Dünger, wenn sie ihren Ursprung aus verschiedenem Futter- und Streuungsmaterial nahmen, einen sehr verschiedenen Dungwerth besitzen können.

§. 16.

Die Vorfragen zur Bestimmung des Dungwerths aus Heu und Stroh.

Bei einer nur auf Kornerzeugung zielenden Cultur, in welcher Beschränkung wir unsern Gegenstand bisher betrachtet haben, dürfen wir den Ersatz für die Erschöpfung des Bodens zunächst auch nur aus den der Natur dieses Verhältnisses entsprechenden Mitteln, also **aus dem Stroh** der angebauten Cerealien und **aus der Graserzeugung** der Wiesen und Weiden ableiten.

Die nächste, uns zur Beantwortung liegende, Frage wäre also:

Wie viel Heu und Stroh, nachdem es wirthschaftlich zur Unterhaltung unserer Hausthiere verwendet worden, wird zur Erzeugung von 1° Dung erfordert?

Sie zerfällt in die Puncte:

1) **Welcher Unterschied im productiven Werth des Düngers entsteht aus den verschiedenen Mischungsverhältnissen von Heu und Stroh, wenn beides als Futter dient, und wiederum aus der Verwendung des Strohs blos zu Futter oder blos zu Streu?**

2) **Welchen Einfluß haben die verschiedenen Thiergattungen, die in unsern Wirthschaften gehalten werden, auf den productiven Werth des aus Stroh und Heu entstandenen Düngers?**

3) **Wie wirkt endlich der Zweck, den wir mit der Viehhaltung verbinden, also die Größe der Futtergaben an die Thiere und der daraus entstehende körperliche Zustand zwischen Mastung und bloßer Lebenserhaltung auf diesen productiven Werth ein?**

Es ist unmöglich, solche Aufgaben blos durch Nachdenken zu lösen.

Untersuchungen aber über Düngererzeugung besitzen wir noch gar nicht, außer solche, die sich auf sein Gewicht beziehen: über den productiven Werth desselben nach Verschiedenheit der angewandten Futtermittel haben wir nur **Vermuthungen**. Also werden diese Fragen auch zur Zeit keine ganz befriedigende Lösung finden, vielmehr müssen wir uns die Berichtigung, welche spätere Forschungen als nothwendig erkennen lassen werden, vorbehalten.

Um bei dem dritten Puncte anzufangen, so werde ich ihn ganz dahin gestellt lassen. Wir Landwirthe sind der Meinung, daß der Werth des Düngers aus gleichen Futtermassen von wohlgenährtem Vieh einen Vorzug verdient.

Ueber die zweite Frage ist Block meines Wissens der erste, der eine entschiedene Ansicht ausspricht. Er äußert in seinen Mittheilungen Band I. Seite 226:

> „Ob wir Futter und Einstreu durch Kuh- oder Schaafvieh in Dünger verwandeln, ist nach allen darüber gemachten Versuchen und langjährigen Erfahrungen ganz einerlei."
>
> „Der Kuh- und Schaafdünger (aus demselben Verhältniß von Futter- und Streumitteln) hat daher einen gleichen Werth; nur die verschiedenen Verhältnisse der kräftigen Futtermittel und die Anmischung von Einstreustroh können einen Unterschied im Werthe des Düngers bewirken."

Ich gestehe, jenen Versuchen und langjährigen Erfahrungen keinen entscheidenden Werth beilegen zu können, freue mich aber, hier einer Autorität zu begegnen, die es uns verstattet, diese Unterscheidung der Viehgattungen zur Düngerproduction unbeachtet zu lassen, um zur großen Erleichterung unserer Rechnungen den Ersatz unmittelbar aus der vegetabilischen Production abzuleiten.

Was nun endlich die erste Frage (sub 1) betrifft, so beantwortet sie Block a. a. O. theilweise folgendermaaßen sehr bestimmt:

> „Der Werth des Rind- und Schaafviehdüngers, welcher von kräftigem Futter, als Körnern, Heu, Grünfutter und Wurzelfrüchten (beide letztere auf trockne Masse reducirt) entsteht, ist $2\frac{1}{2}$ Pfund in trocknem Zustande 1 Pfund Roggen im Werthe gleich. Aller Dünger, welcher von Strohfutter entsteht, hat nur den Werth von $4\frac{1}{2}$ Pfund im trocknen Zustande für 1 Pfund Roggen. Der Dünger endlich vom Einstreustroh hat den Werth von $6\frac{3}{4}$ Pfund trocknen Düngers für 1 Pfund Roggen."

Ferner hat Block genau ermittelt, daß im Rind- und Schaafdünger

aus 100 Pfund Heu . . . . 42 bis 43 Pfund,
aus 100 Pfund Roggenstroh als Futter 40 bis 43 Pfund,
aus 100 Pfund Roggenstroh zu Streu 95 bis 97 Pfund
trockner Dünger entstehen.

Da nun $2\frac{1}{2}$ Pfund trockner Dünger aus Heu 1 Pfund Roggenwerth besitzt, so enthalten $42\frac{1}{2}$ Pfund einen Roggenwerth von 17 Pfund.

Da ferner $4\frac{1}{2}$ Pfund trockner Dünger aus Futterstroh 1 Pfund Roggenwerth sind, so enthalten $41\frac{1}{2}$ Pfund den Werth von 9,2 Pfund Roggen.

Da endlich $6\frac{3}{4}$ Pfund trockner Dünger aus Einstreustroh 1 Pfund Roggenwerth sind, so sind 96 Pfund = 14,2 Pfund Roggenwerth.

Der productive Werth des Düngers von 100 Pfund Heu, 100 Pfund Roggenfutterstroh und 100 Pfund Roggenstreustroh verhält sich demnach, wie

170 : 92 : 142.

Nehmen wir an, daß unter gewöhnlichen wirthschaftlichen Verhältnissen $\frac{1}{3}$ des Strohs zur Futterung, die andern $\frac{2}{3}$ zur Streu dienen, so würde der productive Werth des Düngers von 100 Pfund Heu zu 100 Pfund Stroh sich verhalten, wie

170 : 126,

oder sehr nahe, wie 4 : 3; oder, anders ausgedrückt, der productive Werth des Düngers von 3 Pfund Heu ist so gut, wie der von 4 Pfund Stroh.

Dies Verhältniß würde also aus Block's Ansichten folgen, während ich ganz dasselbe in der „Vorschule" auf einem ganz verschiedenen Wege abgeleitet habe. Zwar lege ich weder auf diese Ableitung noch auf die Meinungen und Erfahrungen, woraus diese Bestimmungen entspringen, ein großes Gewicht, halte es aber für gerathen, in der „Methodik" zunächst dabei stehen zu bleiben; und zwar aus folgenden Gründen:

a. Wäre es uns auch verstattet, mit anscheinend gleichem Rechte noch andere Verhältnisse geltend zu machen, so können wir doch zur Zeit kein einziges fest begründen; im vorliegenden besitzen wir aber den Vortheil eines sehr bequemen Rechnungsfactors.

b. Unvermeidlich müssen wir uns in Beziehung auf andere Elemente dieser Rechnung mit einer Schätzung begnügen, deren Unsicherheit von größerm Einfluß ist, als der etwa im vorliegenden Verhältniß enthaltene Fehler.

Endlich

c. sind unveränderliche Zahlen bei Bestimmung des Düngerwerths immer nur beziehungsweise möglich; denn es verhält sich mit dem Streustroh im Dünger, wie mit dem Futterwerth aus Futterstroh. Nur so lange das Streustroh in dem Verhältniß angewandt wird, daß alle flüssigen Excremente aufgefangen werden können, möchte sich ein ziemlich hoher Düngerwerth für dasselbe herausstellen; ein Ueberschuß an Streustroh wird sich nicht mehr so gut verwerthen.

Nur so lange der Magen unserer Hausthiere durch Strohfutter eine normale Ausfüllung erhält oder in Bezug auf saftige Futtermittel eine der Verdauung günstige Mischung entsteht, wird das Stroh einen bemerkbaren Futterwerth erhalten.

Der Dünger- wie der Futterwerth des Strohes entsteht demnach wesentlich stets mehr aus den andern Futtermitteln: das Stroh dient mehr zur Vermeidung eines Verlustes, als daß es durch positiven Ernährungs- oder Düngergehalt wirkte.

§. 17.

Bestimmung des Dungwerths, welcher aus Heu und Stroh erfolgt.

Nunmehr dürfen wir unserer Hauptfrage (§. 16, zu Anfang) näher treten.

Um festzusetzen, wieviel Heu und Stroh in Dünger verwandelt zur Erzeugung von 1° Dung nöthig ist, werden wir einen Boden der gemäßigten Gattung wählen müssen, weil in ihm der durch die improductive Thätigkeit herbeigeführte Verlust genau durch den natürlichen Ersatz aufgewogen wird, demnach die Erndte ganz als Folge des *künstlichen* Ersatzes erscheint.

Ob wir bei dieser Bestimmung genau die Grenzlinie eines gemäßigten Bodens treffen oder nicht, ist von demselben Einfluß, als wenn wir den Nullpunct einer Thermometerscala etwas höher oder tiefer rücken: in Beziehung auf den Gefrierpunct des Wassers ist die Temperaturbestimmung allerdings um so viel unrichtig, aber die Beziehungen der Temperaturgrade unter einander bleiben deshalb doch unverändert. Ebenso kann die Bestimmung des Düngerbedürfnisses für den gemäßigten Boden vielleicht nicht ganz richtig sein, ohne daß dadurch das richtige Verhältniß der ganzen Scala verrückt wird.

Ich halte es für ein Erkennungszeichen des *gemäßigten* Bodens, wenn man nach jeder Roggenerndte die Erschöpfung mit dem gewonnenen Stroh unter Hinzufügung des Korngewichts in gutem Heu erstatten kann, — beides auf angemeßne Weise in Dünger verwandelt. Ein reichliches Stroherzeugniß wird dabei vorausgesetzt.

Man berechnet aus großen Durchschnitten das Verhältniß des Korns zum Stroh bei der strohreichsten Kornart, dem Roggen, wie $1:2\frac{1}{2}$. Die wirklich gemessenen Verhältnisse, welche *Kleemann* aufstellt, zeigen auf 1^c Roggen 3^c bis $2{,}2^c$ Stroh, wovon ein Durchschnitt $2{,}6^c$ wäre. Da aber im Allgemeinen die gemäßigte Bodengattung zu den strohreichern gehört und ein reichliches Stroherzeugniß verlangt wird, so werden wir hier das Verhältniß von $1:2\frac{2}{3}$ annehmen dürfen, wodurch das *Kleemann*sche nur um $\frac{7}{100}$ zu Gunsten des Strohs erhöht wird. *Es wird demnach aus* $2\frac{2}{3}^c$ *Stroh und* 1^c *Heu* 1^0 *Dung entstehen.*

Da wir nun nach der vorhergehenden Entwicklung (§. 16) aus 4^c Stroh einen Dünger erhalten von gleichem productiven Werthe, als aus 3^c Heu, also aus 1^c Stroh so viel, als von $\frac{3}{4}^c$ Heu, und wiederum aus 1^c Heu so viel, als von $\frac{4}{3}^c$ Stroh, und weil aus $2\frac{2}{3}^{c}$ Stroh + 1^{c} Heu 1^{0} Dung erfolgt, so erfolgen aus

$$\left.\begin{array}{c} 2\frac{2}{3}^{c}\text{ Stroh} + \frac{4}{3}^{c}\text{ Stroh} = 4^{c}\text{ Stroh} \\ \text{und aus} \\ 2^{c}\text{ Heu} + 1^{c}\text{ Heu} = 3^{c}\text{ Heu} \end{array}\right\} 1^{0}\text{ Dung};$$

mithin ist

$$1^{c}\text{ Stroh} = \tfrac{1}{4}^{0}\text{ Dung},$$
$$1^{c}\text{ Heu} = \tfrac{1}{3}^{0}\text{ Dung}.$$

Erläuterungen.

1) Wollte man Stroh und Heu, ein jedes für sich, in Dünger verwandeln, so würde dieser Ersatzwerth wahrscheinlich nicht eintreten. Die Rechnung setzt also eine gemeinschaftliche wirthschaftliche Verwendung voraus, deren Grenzverhältnisse noch nicht erkannt sind.

2) In der Annahme von $2\frac{2}{3}^{c}$ Stroh und 1^{c} Heu zur Bildung von 1^{0} Reichthum darf man nicht die Bestimmung suchen: daß durch Heu die Erschöpfung des Korns, durch Stroh die des Strohes ersetzt würde. Wir ignoriren in dieser Rechnung ganz die Erschöpfung des Strohs, denn wir begreifen unter r nur die zur Erzeugung des Korns nöthigen Bestandtheile des Bodens.

Ernährt sich das Stroh von denselben Bestandtheilen, woraus sich das Korn erzeugt, so tritt die Erschöpfung des Strohs von selbst in Rechnung, weil die Stroherzeugung immer die Kornerzeugung begleiten muß; benutzt es andere Bestandtheile, die nicht in r liegen, so findet es kein Conto.

Man könnte wider die erste Alternative einwenden, daß das Verhältniß des Korns zum Stroh, insbesondere bei verschiedenen Getreidearten, erhebliche Unterschiede zeigt. Nährt sich also das Stroh wirklich von denselben Bestandtheilen, die das Korn bedarf, so würde die Kornart mit reichem Stroherzeugniß mehr erschöpfen, während ihr doch für die Kornerzeugung nicht mehr zur Last geschrieben würde.

Hierauf wäre nur zu entgegnen, daß die bloßen Gewichtsverhältnisse des Strohs für dessen Ansprüche an den Boden nicht entscheidend sein möchten. Wenigstens sind wir immer geneigt, das Stroh in strohärmeren Jahren für nahrhafter zu halten, namentlich das Stroh der Sommerhalmfrüchte für nährender, als das der Winterhalmfrüchte: sodann aber sind die Erschöpfungsverhältnisse verschiedener Pflanzenspecies überhaupt noch nicht einmal aufgeklärt, viel weniger das Bedürfniß an specifischer Nahrung für einzelne Pflanzentheile. Es müßte also eine dreiste Hypothese das mangelnde Wissen ersetzen. Bedenkt man hingegen, daß der Halm nur der Weg, das Filtrum ist, welches die Nahrung dem Korn zuführt, diese läutert und bildet, so erscheint es doch wahrscheinlicher, daß der Halm nur die gröbern, nicht zur Kornbildung qualificirten Bestandtheile des Bodens zurückbehält. Und so erkläre ich mich denn vorläufig für die Ansicht, daß die Bestandtheile des Bodens zur Bildung des Strohs nicht in r begriffen sind, also auch keine weitere Berücksichtigung in dieser Rechnung erfordern. Allerdings ändert sich aber dies Verhältniß, wenn nicht vom reifen Stroh die Rede ist; denn der grüne Halm unserer Getreidearten enthält ja nothwendig einen großen Theil der zur Kornbildung bestimmten Säfte.

3) Wir haben keinen Grund, anzunehmen, daß auf Boden, der für mehrere Getreidearten gleich geeignet ist, eine (dem Gewichte nach) gleiche Kornerzeugung verschiedener Kornarten eine verschiedene Erschöpfung veranlasse. Wollte man hingegen eine geeignete Kornfrucht mit einer ungeeigneten vertauschen, so würde diese bei einem geringeren Ertrage doch wahrscheinlich nicht minder erschöpfen, als die geeignete.

§. 18.

Bestimmung des Dungwerths, welcher aus andern Futtermitteln erfolgt.

Wir haben bereits im vorstehenden Paragraphen unter Voraussetzung wirthschaftlicher Verwendung den Ersatzwerth des Strohs und des Heus nach Graden des Reichthums bestimmt.

Außer Heu und Stroh sind es hauptsächlich nur noch Korn und einige Wurzelfrüchte, welche uns zur Futterung und mithin zur Düngererzeugung dienen. Der Dungwerth dieser Futtermittel bleibt uns also noch zu bestimmen.

In Betrachtung der fehlenden nähern Untersuchungen werde ich diesen Werth aus einem allgemeinen Grundsatz ableiten, der uns niemals weit von der Wahrheit entfernen kann.

Unter der Voraussetzung nämlich, daß jede Futterung, wie jede Streuverwendung wirthschaftlich geschieht, also einerseits bei angemeßnem Nahrungswerth eine normale Ausfüllung des Magens, anderseits die nöthige Streu zur Auffaugung aller flüssigen Excremente stattfindet, nehme ich als Erfahrungssatz an:

1) daß sich der qualitative Werth des Düngers nicht verändert, wenn wir statt des Heus den darin enthaltenen Nahrungswerth durch Korn, und das diesem Korne gegen Heu fehlende Gewicht durch reines Stroh ersetzen;

2) daß nicht minder der qualitative Werth des Düngers unverändert bleibt, wenn wir den Nahrungswerth eines jeden saftigen Futtermittels durch Korn ersetzen und überdies eine solche Zulage an Stroh hinzufügen, daß Korn + Stroh gleich sei dem Trockengewicht des saftreichen Futtermittels.

Man hat diesem Grundsatze, den ich in etwas veränderter Gestalt in der „Vorschule" exponirte, entgegengesetzt, daß bei dieser Rechnungsweise der Nahrungswerth des Strohs nicht berücksichtigt sei. Aber wie viel beträgt denn, ich möchte fragen, was ist denn der Nahrungswerth des reinen Strohs, befreit von Allem, was ihm unter wirthschaftlichen Verhältnissen gewöhnlich anhängt? Fehlen wir nicht viel erheblicher in Bestimmung des Nahrungswerthes des Heus und der Wurzelgewächse, welcher auf jedem Boden und in jedem Jahre Veränderungen erleidet und einen Theil dieses Werths im Laufe jeder Futterperiode verliert? Vergleichen wir diese Düngerwerthsberechnung mit der Bestimmung unsers Gattungsquotienten und mit unsern Erschöpfungszahlen, so hat sie immer noch das stabilste Fundament. Ich verkenne deshalb den Einwurf nicht und behaupte blos seine Unerheblichkeit für die practische Anwendung unserer Methodik.

In Folge der obigen Grundsätze nun würden

1) wenn 3^{C} Heu mit 1^{C} Korn einen gleichen Nahrungswerth besäßen, diesem Korne noch 2^{C} Stroh zugesetzt werden müssen, um mit jenem Heu einen gleichen Düngerwerth zu liefern.

Weil aber 3^{C} Heu $= 1^{0}$ Dung und 2^{C} Stroh $= \frac{1}{2}^{0}$ Dung, so hat 1^{C} Korn den Werth von $\frac{1}{2}^{0}$ Dung.

2) Verringerte sich der Futterwerth des Heus in dem Verhältniß, daß $3\frac{1}{2}^{C}$ Heu im Nahrungswerth $= 1^{C}$ Korn wären, so müßte dem Korne $2\frac{1}{2}^{C}$ Stroh zugesetzt werden, um einen gleichen Düngerwerth mit jenem Heu zu liefern. Da nun $2\frac{1}{2}^{C}$ Stroh $\frac{5}{8}^{0}$, und 1^{C} Korn $\frac{1}{2}^{0}$ Dung liefern, so ist der Düngerwerth von $3\frac{1}{2}^{C}$ Heu $= \frac{9}{8}^{0}$ Dung; mithin hat 1^{C} dieses Heus den Düngerwerth von $\frac{9}{28}^{0}$ Dung.

3) Enthalten 5^{C} Erbsstroh den Nahrungswerth von 1^{C} Korn, so müssen dem Korne 4^{C} Getreidestroh zugesetzt werden, um den Düngerwerth des Erbsenstrohs zu ersetzen. Weil aber 4^{C} Stroh 1^{0} Dung, und 1^{C} Korn $\frac{1}{2}^{0}$ Dung geben, so enthalten 5^{C} Erbsstroh $\frac{6}{4}^{0}$ Dung, mithin 1^{C} Erbsstroh $\frac{3}{10}^{0}$ Dung.

4) Enthalten 6^{C} Kartoffeln den Nahrungswerth von 1^{C} Korn und reducirt sich das Gewicht der Kartoffeln bei einer Trockenheit derselben, wie sie das Stroh gewöhnlich annimmt, auf $\frac{1}{4}$, so enthalten die 6^{C} Kartoffeln $1\frac{1}{2}^{C}$ trockne Masse, und es müßte dem Korn noch $\frac{1}{2}^{C}$ Stroh zugelegt werden, um gleiche Düngerwerthe zu erhalten.

Weil nun $\frac{1}{2}^{C}$ Stroh $\frac{1}{8}^{0}$ Dung, und 1^{C} Korn $\frac{1}{2}^{0}$ Dung enthält, so liefern 6^{C} Kartoffeln $\frac{5}{8}^{0}$ Dung, mithin 1^{C} Kartoffeln $\frac{5}{48}^{0}$ Dung.

5) Enthalten 11^{C} Runkelrüben den Nahrungswerth von 1^{C} Korn, und verlieren sie durch Eintrocknen 86 pCt., so ist das Trockengewicht von 11^{C} Runkelrüben $1{,}54^{C}$, und es müssen dem Korne noch $0{,}54^{C}$ Stroh zugelegt werden, um den Düngerwerth der Runkelrüben zu erhalten.

$0{,}54^{C}$ Stroh geben $\frac{0{,}54^{0}}{4}$ Dung, und 1^{C} Korn liefert

$\frac{1}{2}^0$ Dung, mithin enthalten 11^c Runkelrüben $\frac{2{,}54^0}{4}$ Dung und 1^c Runkelrüben $\frac{254^0}{4400}$ Dung.

Diese Resultate erscheinen in nachstehender Zusammenstellung gesammelt:

1^c Korn liefert	0,5^0	Dung.
1^c Heu (3^c = 1^c Korn im Nahrungswerth) .	0,33^0	"
1^c Heu (3,5^c = 1^c Korn im Nahrungswerth) .	0,32^0	"
1^c Erbsstroh (5^c=1^c Korn im Nahrungswerth)	0,3^0	"
1^c Getreidestroh	0,25^0	"
1^c Kartoffeln	0,104^0	"
1^c Runkelrüben	0,058^0	"

Viertes Capitel.

Das Ertrags-Verhältniß der Pflanzen unseres Feldbaus und die Veränderung der Ertragsfähigkeit des Bodens durch den Pflanzenbau.

§. 19.

Die Pflanzengruppen.

Ich vertheile die Pflanzen, welche Gegenstand unsers Feldbaus sind, in besondere Gruppen, die aber nicht sowohl nach botanischen Merkmalen, als nach Culturzwecken, wesentlich nach ihrem Einfluß auf den Ersatz, geordnet sind.

Zur ersten Gruppe zähle ich die **Halmfrüchte**, also die Gewächse aus der Familie der Gräser.

Sie nimmt in der ersten Abtheilung unsere vier Getreidegattungen auf, die uns als Maaß des Reichthums dienen. In der zweiten Abtheilung stehen diejenigen Halmfrüchte, welche nicht mehr als Maaß des Reichthums betrachtet werden, als: Mais, Hirse, Weide- und Futtergräser zur Saamenerzeugung. In beiden Abtheilungen dieser Gruppe ist in der Regel das Korn Waare (wenn auch zum Theil zur eignen Verwendung), das Stroh Ersatzmittel. Der Anbauzweck ist ein getheilter.

Die zweite Gruppe ist die der **Futtergewächse**. Alle in dieselbe eingetragenen Pflanzen müssen ganz als Ersatz dienen.

Auch sie erhält zwei Abtheilungen: die der **Futterkräuter** und der Wurzelgewächse. Zur Abtheilung der Futterkräuter rechne ich alle Pflanzen, die als Gras oder Kraut, gemähet oder abgeweidet, trocken oder grün, zur Futterung dienen. Bei der so geringen Zahl der zur Gründüngung angebauten Pflanzen wird es gestattet sein, auch die Dungpflanzen hieher zu setzen, weil sie blos als Ersatz benutzt werden. Die Abtheilung der Wurzelgewächse nimmt alle Wurzelgewächse auf, die durch Verfutterung Ersatz werden, aus gleichem Grunde die ihnen in allen Culturverhältnissen so nahe stehenden Kohlarten.

In die dritte Gruppe, — ich nenne sie die Gruppe der **Blattfrüchte**, — treten alle anderen Pflanzen unseres Feldbaus.

Wir bilden hier wiederum zwei Abtheilungen, die der Schotenfrüchte, denen sich der Buchweizen anschließt, und der Handelspflanzen, worunter ich die Oel-, Gespinnst-, Farbe-, und Gewürzpflanzen begreife. Der Character dieser Gruppe spricht sich wiederum, wie der der ersten im getheilten Anbauzweck, als Waare und Ersatzmittel, aus. Der letztere ist aber in der zweiten Abtheilung ein ganz untergeordneter, oft gar nicht vorhandener. —

Beziehen wir nun diese Gruppirung auf einen bestimmten Boden und auf ein bestimmtes Feldsystem, so muß auch eine und dieselbe Pflanze, wenn sich ihr Anbauzweck verändert, die ursprüngliche Stellung verlassen und in eine andere Gruppe treten. Cerealien, welche für den vorliegenden Boden nicht geeignet sind, treten aus der ersten Abtheilung in die zweite derselben Gruppe. Für einen ausschließlichen Haferboden z. B. könnten die drei übrigen Getreidearten der ersten Abtheilung im Falle ihres Anbaus nur in der zweiten Abtheilung stehen. Man rechnet den Roggen, den Raps zur ersten Abtheilung der Gruppe der Futtergewächse, wenn das eine oder andere Gewächs zur Grünfutterung bestimmt ist. Die Schotenfrüchte treten bei gleicher Anwendung ebenfalls hierher;

selbst mit vollem Rechte alle diejenigen Schotenfrüchte, welche den Acker als reife Frucht verlassen, aber in diesem Zustande ganz zur Futterung bestimmt sind. Die Wurzelgewächse, als Waare zum Verkauf, wie als Material zu technischen Gewerben, treten aus der zweiten Abtheilung der zweiten Gruppe in die zweite Abtheilung der dritten Gruppe; selbst einem Futterkraut, z. B. der Lucerne gebührt dieser Platz, wenn der Ertrag nicht der Wirthschaft verbleibt.

Der Ersatz in unseren Feldsystemen ist von so entscheidendem Einfluß, daß die bloße Verwendung einer angebauten Pflanze zur Verfütterung oder unmittelbar zum Verkauf, über den Werth des Systems entscheiden kann. Dies wird, meines Erachtens, diese Gruppirung in der Methodik rechtfertigen.

Ein Bild dieser Gruppirung liefert folgendes Schema:

I. Erste Gruppe.

Die Halmfrüchte.

1ste Abtheilung:	2te Abtheilung:
Die Halmfrüchte, als Maaß des Reichthums.	Die Halmfrüchte, welche kein Maaß des Reichthums sind.

II. Zweite Gruppe.

Die Futtergewächse.

1ste Abtheilung:	2te Abtheilung:
Die Futterkräuter.	Die Wurzelgewächse.

III. Dritte Gruppe.

Die Blattfrüchte.

1ste Abtheilung:	2te Abtheilung:
Die Schotenfrüchte.	Die Handelspflanzen.

§. 20.

Von dem Ertragsverhältniß der verschiedenen Cerealien im Korn und Stroh.

Die Eigenschaft des Bodens, in Folge deren er von einer Getreidegattung einen höheren Kornertrag liefert, als von einer andern, haben wir zum Unterscheidungsmerkmal der verschiedenen Bodenarten gemacht. Indessen bleibt dies Merkmal nicht immer constant. Eine veränderte Stufe des Ertrages kann in dieser Beziehung die Bodenart verändern. Die humose Bodenclasse z. B. kann auf den niederen Stufen ihrer Ertragsfähigkeit, der Art nach, ein Roggenboden sein, wird bei Annäherung an das Maximum ein Roggen-Weizenboden, zuletzt ein Weizenboden. So kann ein Boden, der als Roggen- demnächst Haferboden geschätzt ist, sich auch zum Weizen- demnächst Gersteboden erheben. Kurz, bei Veränderung der Ertragsfähigkeit verändert sich nicht selten die Art des Bodens. Die Bezeichnung der Art des Bodens bezieht sich demnach stets auf die Ertragsfähigkeit, die im Jahre der Schätzung dem Boden zukommt oder auf den Punct, den man in Berechnung stellen will.

Die Erschöpfung der geeigneten Kornfrucht ist in jeder Bodengattung für 1^c Kornertrag 1° Reichthum, nur schreiben wir durch Vermittelung des Gattungsquotienten der Erschöpfung auf kräftigem und bedürftigem Boden das ab oder zu, was im Begriffe der Bodengattung liegt. Wollte man aber eine oder die andere Getreideart auf ungeeignetem Boden anbauen, so würde der Ertrag geringer, die Erschöpfung aber wahrscheinlich nicht geringer, als für die geeignete Kornfrucht sein. Diese Andeutung mag genügen, weil in der Methodik eigentlich nicht die Rede sein kann vom Anbau ungeeigneter Früchte, mag die Praxis ihn noch so oft versuchen. Nicht minder liegt die Betrachtung der Wirkung einer durch Ungunst der Witterung mißrathenen Kornfrucht außer unserem Kreise, weil die geringeren Erträge solcher Jahre sich schon in dem Durchschnitt ausgleichen sollen.

Auf Ermittelung des richtigen Durchschnittsverhältnisses des mit dem Korn erzeugten Strohs sind bisher erhebliche Bemühungen verwandt worden. Dieser Gegenstand ist deshalb von großer Wichtigkeit, weil das Stroh fast immer das wichtigste Material zur Düngererzeugung liefert.

Die bisherigen Untersuchungen haben ergeben, daß ein besonders festes Verhältniß zwischen Korn und Stroh nicht anzunehmen ist. Es ist vielmehr veränderlich nach den zufälligen Einwirkungen der Jahreswitterung, nach der Gattung des Bodens und seiner Ertragsfähigkeit. Die zufälligen Einwirkungen gleicht der Durchschnitt aus; für die beiden andern Verhältnisse sind Angaben in Druckschriften enthalten, die aber wohl nicht immer auf genauer Untersuchung beruhen.

In der „Vorschule" habe ich diese Verhältnisse bei einem befriedigenden Stande der Halmfrüchte folgendermaaßen angenommen:

auf 1^c Korn

für den Roggen	$2{,}5^c$ Stroh
für den Weizen	$2{,}1^c$ Stroh
für den Hafer	$1{,}7^c$ Stroh
für die große Gerste . .	$1{,}6^c$ Stroh
für die kleine Gerste . .	$1{,}5^c$ Stroh.

Alle beim Ausdrusch sich vom Korn absondernden Strohtheile sind hier dem Stroh zugerechnet.

In der 14 Jahre später erschienenen Encyklopädie des Herrn Domainenrath Kleemann bestimmt derselbe diese Verhältnisse in folgender Weise:

Kornart	auf fruchtbarem Boden:	auf mittlerem Boden:	auf unfruchtbarem Boden:
1^c Roggen	3^c Stroh	2,6^c Stroh	2,2^c Stroh
1^c Weizen	3^c "	2,4^c "	2^c "
1^c Hafer	2^c "	1,6^c "	1,2^c "
1^c große Gerste	1,8^c "	1,5^c "	1,2^c "
1^c kleine Gerste	1,8^c "	1,5^c "	1,2^c "

Je mehr wirklich gemessene Verhältnisse von Korn zum Stroh man in verschiedenen Gegenden kennen lernt, je rathsamer erscheint es, sich dieser allgemeinen Angaben nur zu bedienen, wenn man die örtlichen Verhältnisse nicht erfahren kann, und diese Bestimmung, wie die des Kornertrags, der Schätzungscommission zu überlassen.

§. 21.

Vom Ertrage der nicht unter die Cerealien im engern Sinne zu zählenden Pflanzenarten, die Gegenstand unserer großen Culturen sind.

Nichts hat der wissenschaftlichen Ausbildung des Landbaus vielleicht mehr geschadet, als unsere allgemeinen Annahmen über den Ertrag der Pflanzengattungen, die ich in die Gruppen der Futtergewächse und Blattfrüchte gestellt habe. Die landwirthschaftlichen Schriftsteller pflegen gern bestimmte Verhältnisse zwischen dem Kornertrag, den ein Boden liefert, und seinem Ertrage an Kartoffeln, Erbsen, Klee u. dergl. anzunehmen, — Verhältnisse, die zwar aus einzelnen Wahrnehmungen richtig abgeleitet sein können, aber niemals eine allgemeine Uebertragung gestatten, weil sie auf besonderen physischen Eigenschaften des Bodens, vielleicht selbst auf einer qualitativen Verschiedenheit der Pflanzennahrung beruhen. Unsere Practiker hingegen wissen, daß ein Boden von 8^c Kornertrag im Altenburgischen vielleicht 40^c Kleeheu liefert, während wir im Fürstenthum Halberstadt bei demselben Kornertrage kaum halb so viel Klee gewinnen; wiederum, daß hier der Boden für Flachs viel geeigneter ist, als in der Magdeburger Börde; daß der Kartoffelertrag in der Mark, in Verhältniß zum dortigen Kornertrage, den mancher andern Provinzen bei weitem übertrifft. Mit Einem Wort, sie wissen, daß man gar nicht so weite Vergleichspuncte zu suchen braucht, um unsere Behauptung zu constatiren:

daß der Ertrag der Futtergewächse und Blattfrüchte in keinem festen Verhältniß zu dem des Korns steht, sondern, daß die besonderen Eigenschaften des Bodens ihn entscheiden.

Nun ist aber dieser Gegenstand für den Werth des Bodens, wie für die Einrichtung der Feldsysteme von größter Bedeutung. Eine einzige Futterpflanze, die zur Abhülfe fühlbarer Mängel in das bisherige Feldsystem eintreten soll, und in ihrem Verhalten zum Boden nicht richtig erkannt ist, führt troß der schönsten Consequenz der Rechnung sicher nicht zum erwarteten Erfolg, oft zu erheblichen Verlusten.

Hier tritt uns also die Nothwendigkeit entgegen, jeden Boden zur richtigen Würdigung seines agrarischen Werths wie zur rationellsten Benutzung unter geordneten Anbau-Verhältnissen auf den in Rede stehenden Pflanzenbau gründlich zu erforschen. Sicher wäre dies das fruchtbarste Feld der Agricultur-Chemie; indessen fängt die Naturforschung erst an, diese Richtung zu nehmen, und die Aussicht auf sichere Schlüsse liegt noch zu fern: also möchte wohl nur die reife Erfahrung der Schätzungs-Commission, in Verbindung mit den geschichtlichen Quellen des Orts, die einzige Stütze sein, der wir uns vorläufig vertrauen dürfen.

§. 22.
Vom Einfluß des Pflanzenbaus auf die Ertragsfähigkeit des Bodens.

Wir müssen uns bei der vorliegenden Betrachtung wiederum (§. 5) erinnern, daß wir unter Erschöpfung und Bereicherung des Bodens nichts Absolutes verstehen, daß wir auch nicht den Antheil, den die Atmosphäre oder der Untergrund an der Ernährung einer angebauten Pflanze nimmt, zu bestimmen streben, sondern einzig und allein den Einfluß des Anbaus der verschiedenen Culturpflanzen auf den **Korn**ertrag der nachfolgenden Cerealien.

Die Bestimmung jener absoluten Erschöpfung und Bereicherung ist, meiner Ansicht nach, ein Unerreichbares; in der gemachten Einschränkung aber ist sie ein wirklich zu Ermittelndes. Die verschiedenen Futter- und Blattfrüchte also können große Anforderungen an den Boden machen: wir erkennen ihre Erschöpfung immer nur in dem Maaße ihrer Wirkung auf den Kornbau an, der die Grundlage unserer ganzen Rechnung bildet. Die Lucerne z. B. verlangt entschieden vom Boden erhebliche Unterstützungen; sie erscheint uns aber dennoch im Lichte der Bodenbereicherung, in dem Maaße, als sie die folgende Kornerzeugung befördert.

Indessen ist ein erhöhter Kornertrag in unmittelbarer Folge auf andere Früchte immer noch kein sicheres Merkmal eines durch ihr Vorausgehen vermehrten Reichthums. Betrachten wir die einfachste Form der Ertragsgleichung, das bloße Product der productiven Thätigkeit mit dem Reichthume, in der Gleichung $ptr = k$, so ist sogleich ersichtlich, wie, bei zunehmendem Kornertrage, der Reichthum r beträchtlich sinken könnte, wenn nur pt, die productive Thätigkeit, um ein Geringes gesteigert wurde. Umgekehrt könnte der Reichthum unverändert geblieben sein, während die gesunkene Thätigkeit allein den verminderten Ertrag der nachfolgenden Erndte verschuldete. Erst durch Verfolgung der Erndten in längegeren Zeiträumen werden wir in den Stand gesetzt, die Einwirkung der Vorfrucht richtig zu würdigen. Aber ebendeshalb, weil noch keine Untersuchungen über die Erschöpfung der Früchte in dieser Ausdehnung eingeleitet wurden, sind unsere Ansichten eben so unsicher als wechselnd, und wir müßten alle Berechnungen bis zu dem Zeitpuncte wirklicher Ermittelung vertagen, erneuerte sich die dringendste Veranlassung zum Rechnen nicht unaufhörlich. Alles, was wir bis zur Stunde in dieser Sphäre besitzen, sind nur individuelle Ansichten, die sich durch das Vertrauen auf die scharfe Beobachtungsgabe und das Genie ihrer Urheber einen Glaubenskreis geschaffen haben.

Bei dieser Lage der Sache kann also von festen Zahlenbestimmungen über den Einfluß der Vorfrüchte gar keine Rede sein, vielmehr liegt uns nur die Aufgabe vor, aus dem Kreise fremder oder eigener Beobachtungen solche Bestimmungen zu entwickeln, die unsere Rechnung leiten dürften, bis wir uns im Besitz wirklicher Ermittelungen befinden.

Ich habe keine Veranlassung gefunden, die Ansichten, welche ich in der „Vorschule" über die Erschöpfung der Früchte niedergelegt habe, im Wesentlichen zu ändern. Dadurch daß ich jetzt eine Schätzung zur Grundlage des Ertrages mache, scheint mir die Eigenthümlichkeit des Bodens diejenige Beachtung gefunden zu haben, welche ihr durch allgemeine Bestimmungen bisher nicht geworden war.

Ist der Modus der Ertragsschätzung festgestellt, so bleibt nur noch die Erschöpfung oder die Einwirkung der Früchte auf das Moment der Ertragsfähigkeit zu bestimmen übrig. Wir dürften es Jedermann selbst überlassen, seine individuelle Ansicht in die Factoren der Formel zu übertragen; denn so lange die wesentlichen Ermittelungen fehlen, bringt die Methodik blos auf Anerkennung der Beziehungen und auf innere Consequenz der Rechnung.

Allerdings kann dieser unsichere Zustand nicht ohne Einfluß auf die Berechnung der Feldsysteme bleiben. Wenn die Würdigung desselben Feldsystems zweien verschiedenen Personen vorläge, die sich auch nur in einem Puncte, z. B. in der Ansicht über die Erschöpfung des Klees unterschieden, indem der Eine ihn für bereichernd, der Andere für erschöpfend hielte, so müssen die Abschlüsse der Rechnung verschieden ausfallen; und so bei allen anderen Gewächsen. Es erschiene unbegreiflich, wie so viele gescheidte Männer, zum Theil im Dienst des Landbaus ergraute Practiker, sich das Problem der Erschöpfung durch Pflanzenbau mit so wenigem Glück zur Aufgabe stellen konnten, wenn man nicht sähe, wie sich die Größen p, t, r und ϱ immer so hinter einander verstecken, daß ein Vergreifen leicht erklärbar ist. Die Arbeit dieser Ermittelung wird nur dadurch ihre Erledigung finden, daß die anzustellenden practischen Versuche nach einem systematischen Plane von Vielen aufgenommen und eine Reihe von Jahren mit gewissenhafter Genauigkeit fortgeführt werden, oder aber durch Einrichtung mehrerer kleinen Versuchswirthschaften. Bis dahin haben wir uns in Geduld zu ergeben.

Ich stelle nun meine Ansicht über die Gesichtspuncte der Schätzung und über den Einfluß der Vorfrüchte auf das Moment der Ertragsfähigkeit in einer ganz einfachen Vorstellungsweise auf.

Die Grundlage zu diesen Bestimmungen bilden jederzeit die Kornfrüchte, welche in der 1sten Abtheilung der Isten Pflanzengruppe (§. 19) genannt und als gleich geeignet erkannt sind. Aus ihnen wird die Ertragsgleichung $ptr = k$ numerisch abgeleitet: der Einfluß eines jeden andern Fruchtbaus muß sich also auf dies Product ptr beziehen.

Die Schätzungs-Commission bestimmt nun allemal:

1) den höchsten Durchschnittsertrag der Pflanze aus Gruppe II und III, die für den vorliegenden Boden in Abschätzung steht;

2) wieviel Centner Korn an derselben Stelle, bei einer dieser Kornfrucht angemessenen Vorbereitung, erzeugt werden können.

Es ist nicht zu berücksichtigen, wenn diese Kornerzeugung auch das Maximum der Rechnungssphäre übersteigen sollte, weil dies Korn nicht wirklich erbaut werden soll, sondern nur als eine Hülfszahl für unsere Rechnung erscheint. Um aber doch diese Hülfszahl als einen möglichen Ertrag zu betrachten, kann man sich der Ansicht hingeben, daß das Maximum der Rechnungssphäre weiter entrückt wäre.

Sind jene beiden Puncte durch die Schätzung bestimmt, so ist die Berechnung des Ertrages für die vorliegende Ertragsfähigkeit des Bodens eine gewöhnliche Verhältnißrechnung. Wie sich nämlich verhält der Kornertrag der geeigneten Halmfrucht zum Ertrage des Futter- oder Blattgewächses, wenn dies Futter- oder Blattgewächs auf einem Maximum steht, so wird sich bei der vorliegenden Ertragsfähigkeit des Bodens der Kornertrag verhalten zu dem Futter- oder Blattgewächs, welches angebaut werden soll.

Der Boden muß als ungeeignet für diesen Pflanzenbau betrachtet werden, entweder wenn seine Ertragsfähigkeit größer ist, als das Futter- oder Blattgewächs für sein Maximum verlangt, oder sobald der Werth des Ertrages die Culturkosten nicht mehr genügend deckt.

Dieselbe Schlußfolge gilt für alle Pflanzen, die in der 2ten Abtheilung der ersten Pflanzengruppe stehen. —

Nach dieser allgemeinen Bestimmung zur Berechnung des Ertrages lasse ich an Stelle der einst zu erwartenden wirklichen Ermittelung die speciellen Angaben für die bedeutendsten Früchte unsers Anbaus folgen. Es soll aber der Berechtigung zur Aufstellung und Aufnahme anderer Ansichten, bis nähere Untersuchungen entschieden haben, dadurch kein Eintrag geschehen.

I. Für die erste Abtheilung **der Gruppe der Halmfrüchte** wird die in Anwendung tretende productive Thätigkeit aus der Erndtefolge bestimmt. Bei geeigneten Kornfrüchten ergiebt sich die Erschöpfung nach Graden des Reichthums durch Multiplication des Centnergewichts der Kornerndte mit dem Gattungsquotienten.

Der Ertrag der zur zweiten Abtheilung dieser Gruppe gehörenden und aller ungeeigneten Kornfrüchte kann nur durch Schätzung, relativ gegen die geeigneten, bestimmt werden. Was die Erschöpfung einer ungeeigneten Kornart betrifft, so ist nicht anzunehmen, daß diese geringer ist, als die der geeigneten.

II. In der 1sten Abtheilung der **Gruppe der Futtergewächse** sind zu unterscheiden:

die einjährig benutzten: Klee, Wickfutter, Futtergetreide;

die zweijährigen: der Klee;

die perennirenden: die Futtergräser, die Lucerne und Esparsette.

a. Die einjährigen und einjährig benutzten Futterkräuter berechne ich mit $\frac{1}{3}$ der Erschöpfung, welche an derselben Stelle eine Kornerndte hinterlassen würde. Beim Futtergetreide enthält der Halm bei der Abnutzung schon einen Theil des Nahrungsstoffs, welcher zur Ausbildung des Korns bestimmt ist; also rechtfertigt sich auch die Annahme einer Erschöpfung auf Kosten von r. (§. 5.) Die Wirkung der Thätigkeit für die folgende Frucht wird immer sehr verschieden sein, je nachdem die Abnutzung früher oder später geschieht, weil sich das Maaß der Zeitdauer ihrer Wirksamkeit zu Gunsten oder zum Nachtheil der folgenden Frucht dadurch verändert. Im Allgemeinen wird man für die Kornfrucht, welche den einjährigen Futterkräutern folgt, nur die **mittlere Thätigkeit** zwischen der nach Brache und einer Stoppelhalmfrucht annehmen dürfen.

b. Der zweijährige Klee setzt immer einen sehr kleefähigen Boden voraus. Man mengt ihn gern mit Gras, um des Ertrages — wenigstens als Weide — sicherer zu sein. Der Ertrag des zweiten Jahres wird, unter gleichen Witterungsverhältnissen, nur selten $\frac{2}{3}$ des ersten erreichen; und nutzt man nur den ersten Schnitt, so wird man kaum die Hälfte, vielleicht nur $\frac{2}{5}$ des vorjährigen Ertrags berechnen dürfen. Die Erschöpfung für die Heuproduction des zweiten Jahres könnte wohl der Bereicherung durch die Rückstände das Gleichgewicht halten. Wenn die Nutzung nur in Weide besteht, so wird die weiter unten zu gebende Berechnung für die Dreeschweiden anzuwenden sein.

c. Die Lucerne und Esparsette, wie die perennirenden Futtergräser, werden mit dem Ertrage der Schätzung im Maximum, — reducirt auf die zeitige Ertragsfähigkeit des Bodens, — berechnet. Aus dem Anbau der Lucerne und Esparsette folgt nach allgemeiner Erfahrung eine Erhebung der Kornproduction. Man wird bei diesen tiefwurzelnden Pflanzen für 6^{c} Heuertrag Einen Grad Reichthum als Gewinn rechnen dürfen und als solchen auch einen Theil von der, insbesondere bei Lucerne oft angewandten, Ueberdüngung betrachten können, der nach Art des Verfahrens doch wohl mindestens zur Hälfte anzunehmen sein möchte. Bei den zur Maht bestimmten Futtergräsern würde ich für das erste Jahr $\frac{1}{3}$ der Erschöpfung einer Kornerndte, für jedes folgende Jahr ein Gleichgewicht zwischen Erschöpfung und Bereicherung setzen.

Wir haben nun für die erste Abtheilung dieser Pflanzengruppe noch die Wirkung der Dreeschweide und der Dungpflanzen in Betrachtung zu ziehen.

Von der Schätzung der Dreeschweiden verlange ich, daß sie die Grasproduction, in Heuwerth reducirt, angiebt. Verwandeln wir diese Grasproduction in Grade des Reichthums, so drückt diese Summe den ganzen durch die Weide gewonnenen Reichthum aus; und es entsteht nur noch die Frage, wie sich dieser vertheilt. In der Regel wird man annehmen können, daß die Hälfte durch das Weidevieh dem Boden verbleibt, $\frac{2}{10}$ auf Wegen und Triften verloren geht, und $\frac{3}{10}$ durch den nächtlichen Aufenthalt der Thiere gesammelt werden kann. Producirt also eine Dreeschweide in drei Jahren 30^{c} auf Heu reducirtes Weidegras, so wäre der daraus zu erlangende Reichthum 10° Dung. Hiervon verbleiben 5° der Weide, 2° gehen verloren, und 3° werden gesammelt.

Bei der Verlängerung der Dreeschjahre tritt jederzeit ein Verhältniß ein, wo sich die Grasproduction wegen abnehmender Thätigkeit des verschlossenen Bodens vermindert;

und, weil in dem Maaße, als der Reichthum an Masse gewinnt, auch die improductive Thätigkeit ihre Wirkung verstärkt, so entsteht bald ein Gleichgewicht zwischen Ersatz und Verlust. Deshalb bewirkt eine lange Folge von Dreeschjahren keine verhältnißmäßige Erhöhung des Reichthums. Der berasete Boden bleibt vielmehr auf einem Beharrungspuncte stehen. Die Dauer der Dreeschjahre in den Feldsystemen ist indessen gewöhnlich zu kurz, als daß wir dies Verhältniß in Erwägung nehmen müßten.

Die Wirkung der Dungpflanzen ist mir nur für die Lupine bekannt, die, wie alle andern Gewächse, einen geeigneten Boden und keine zu schnelle Wiederkehr verlangt. Auch diese Wirkung kann also nur der Schätzung anheim fallen. Unter den hiesigen Verhältnissen hat die Lupinendüngung vollkommen den Werth von 8° Dung für die nächste darauf folgende Kornerndte. Aber für die Bereicherung des Bodens überhaupt erscheint diese Annahme viel zu hoch. Man müßte nicht blos die Erschöpfung der Kornfrucht, sondern wohl noch außerdem fast die Hälfte des Dungwerths in Abzug bringen, weil die Zersetzung zu schnell geschieht. Unter dichtem Schatten der Lupine hebt sich in hitzigem Boden der productive Factor sehr, und wahrscheinlich auch ϱ.

Wir gelangen zur 2ten Abtheilung der IIten Gruppe, — zu den Wurzelgewächsen. Die Kornerndte, welche der Schätzung zur Bezeichnung des Maximums der Wurzelfrucht dienen soll, muß als hervorgegangen aus der productiven Thätigkeit einer reinen Brache betrachtet werden, weil der Hackfruchtbau nur deren Stelle vertritt, während die productive Thätigkeit in Folge der Wurzelfrucht wohl als eine mittlere anzunehmen wäre. An Reichthum wird der Boden mindestens $\frac{3}{4}$ von dem verlieren, was der Kornfrucht an derselben Stelle berechnet werden müßte.

III. **Die Gruppe der Blattfrüchte** enthält (nach §. 19) die Schotenfrüchte und die Handelspflanzen.

Von jeder Abtheilung werde ich nur Eine Pflanze in

Betrachtung nehmen, weil die Beziehungen, worauf es uns ankommt, überhaupt noch zu wenig erkannt sind.

Die Erbsen können nur mit der productiven Thätigkeit einer Sommerhalmfrucht in Rechnung treten; aber wohl mit der mittlern productiven Thätigkeit auf die folgende Kornfrucht wirken. Die Erschöpfung nehme ich um $\frac{1}{3}$ geringer an, als für die Kornerndte an Stelle der Erbsen.

Für die Winterölfrüchte (Raps, Rübsen) nehme ich dieselbe Thätigkeit und dieselbe Erschöpfung an, welche für eine Winterhalmfrucht an Stelle der Oelfrucht in Rechnung treten müßte. Für die folgende Halmfrucht möchte die mittlere productive Thätigkeit genügen.

Die Zukunft wird uns, wie ich denke, in diesen Bestimmungen manche Berichtigungen bringen. Möchten sie sich immer auf gründliche Untersuchungen stützen!

Fünftes Capitel.

Die systematische Benennung und Bezeichnung der möglichen Feldsysteme.

§. 23.

Einleitung zu diesem Capitel.

Die älteren Feldeinrichtungen erschienen in einer sehr einfachen Gestalt. Die Felder waren in zwei, drei, seltener in vier Theile zerlegt; und während eines dieser Felder gewöhnlich der Brache diente, trugen die übrigen Korn. Hier blieb also der Feldbau von der Weide ganz geschieden und wechselte mit dieser nicht.

Aber wohl noch älter mag die Anordnung sein, wo dieser Wechsel eintrat, und also ein Theil des Feldes zur Weide niedergelegt wurde, während ein entsprechender Weideraum zum Feldbau überging. Jene Systeme setzen wenigstens schon die Kenntniß von der Anwendung der Düngung voraus, weil, ohne allen Ersatz, der Acker durch fortgesetzten Kornbau sich zu schnell erschöpft; hier ist eine sehr lange Fortsetzung des Anbaus auch ohne Anwendung der Düngung möglich, indem sich die Pflanzennahrung im berasеten und beweideten Boden wiederum sammelt.

Nach und nach nahmen aber auch andere Gewächse, neben unsern Getreidefrüchten, am Feldbau Theil, anfänglich nur in der Brache. Aber mit dem erkannten Nutzen erweiterte sich auch immer mehr der Anbau der Futterpflanzen, der Schoten-

und Wurzelfrüchte, und endlich auch der Handelsgewächse. So richtete sich zuletzt, getragen von der Lehre des Fruchtwechsels, eine neue Reihe von Systemen ein.

Die Feldeinrichtungen wurden nun aber oft sehr verwikkelt bei Vermischung solcher Systeme: uns fehlte bald die Sicherheit einer systematischen Unterscheidung und Benennung; und obschon wir den Mangel fühlten, so verzögerte sich doch sehr eine logische Anordnung.

Die Lehre des reinen Fruchtwechsels forderte nur den Wechsel einer Halmfrucht mit einer Pflanze aus einer der beiden andern Gruppen; aber die Praxis traf schnell genug die Anordnung eines noch seltenern Erscheinens der Getreidefrüchte. Futterpflanzen und Blattfrüchte folgten sich in mehreren Vegetationsperioden; und die perennirenden Futterkräuter, wie Lucerne und Esparsette, traten regelmäßig in den Umlauf ein. Zur völligen Unanwendbarkeit der alten Systematik mußten nur noch Systeme entstehen, die gar keine Halmfrüchte enthielten, wie sie denn auch wirklich, unter Begünstigung besonderer Nebenumstände, in neuester Zeit aufgetreten sind.

So zerstörte also auch hier, wie gewöhnlich bei fortschreitender Entwickelung, die neue Gestaltung der Dinge den alten Schematismus, und es scheint mir in einer Abhandlung, die nur die Feldsysteme behandelt, am Platze zu sein, eine umfassendere Form zu versuchen, die sich aber, so weit möglich, den älteren Begriffen und Benennungen anschließen muß.

Mag eine verständige Critik zum Nutzen der Wissenschaft hier recht thätig sein!

§. 24.

Erklärung der Begriffe „Feldsystem" und „Rotation".

Ein **Feldsystem** ist die vorausbestimmte Anordnung einer jeden beliebigen Anzahl von Feldfrüchten.

Der Begriff „Feldfrüchte" ist hier im weitesten Sinne

genommen, und schließt also auch die Weide auf dem Acker ein.

Ist die Anordnung der Feldfrüchte nicht bestimmt, so erscheint der Feldbau in Gestalt einer **freien Wirthschaft,** die also nicht zu den Systemen gerechnet werden kann.

Wiederholt sich dieselbe Anordnung in Zahl und Folge der Früchte, so heißt die Wiederholung die folgende **Rotation,** und somit ist auch der Begriff einer ersten, zweiten, dritten Rotation u. s. w. erklärt.

§. 25.

Unterscheidung der **einfachen** und **zusammengesetzten** Systeme.

Nur unter außerordentlichen, von den Localverhältnissen begünstigten, Umständen, oder auf einer ganz niedrigen Stufe des Ertrages besteht ein Feldsystem ohne allen, dem Boden zuzuführenden Ersatz, den man im Allgemeinen Düngung nennt.

Eine Düngung erscheint also in der Regel in jedem System; und Systeme, die nur **eine** Düngung erhalten, nenne ich **einfache.**

Treten dagegen während der Dauer einer Rotation zwei oder mehrere Düngungen in einem System auf, so wird dieses dadurch in **Glieder** geschieden, und heißt in diesem Falle ein **zusammengesetztes.**

Der Eintritt der Düngung bezeichnet die Trennung der Glieder.

Würden in dem System: „Gedüngte Brache, Roggen, Gerste, Erbsen, Roggen" — die Erbsen so wenig, als der folgende Roggen gedüngt, so wäre das System ein einfaches; würde zu den Erbsen oder nach denselben gedüngt, so wäre es ein (zusammengesetztes) zweigliedriges; aber im ersten Falle gehörten die Erbsen zum zweiten, letzten Falls zum ersten Gliede.

In Systemen, die keine Düngung erhalten, vertritt (zur Unterscheidung der Glieder) die reine Brache oder die ihre Stelle einnehmende behackte Frucht die Düngung.

Ueberdüngungen jeder Art sind nur als Verstärkungen der

zunächst vorhergegangenen Düngung zu betrachten; ihnen ist also nicht die Wirkung einer Gliederung beizumessen.

Eine Gründüngung, wenn sie am Orte ihrer Erzeugung verwandt wird, halte ich nicht für geeignet, ein System in Glieder zu trennen, weil eines Theils fast aller Pflanzenbau, mehr oder weniger eine Gründüngung zur Folge hat, und weil anderen Theils die mehrjährigen Grasländereien consequenter Weise dann auch eine Gliederung bezeichnen müßten; was mit der meistens so einfachen Form der Systeme, die mehrjährige Weide enthalten, nicht gut übereinstimmen möchte.

Die einzelnen Glieder der zusammengesetzten Systeme sind, wenn man sie außer ihrer Verbindung betrachtet, einfache Systeme; also kann man auch jedes zusammengesetzte System als eine Verbindung von einfachen ansehen.

§. 26.

Die Elemente der Systeme.

Wie die zusammengesetzten Wörter einer Sprache aus einfachen Wörtern entstehen, so sind die zusammengesetzten Systeme nur eine Verbindung von einfachen; und wie die Buchstaben als Elemente der einfachen Wörter erscheinen, so bilden, in ähnlicher Weise, die Feldfrüchte die **Elemente** der einfachen Systeme.

Eine jede Vegetationsperiode zählt für Ein Element, selbst dann, wenn sie nur der Brache gewidmet wäre (diese vertritt eine Frucht).

Mehrfache Erndten in Einer Vegetationsperiode zählen, wenn sie besondere Einsaat oder Pflanzung bedingen, für eben so viele Elemente, z. B. Roggen, Stoppelrüben.

Träte zwischen Roggen und Stoppelrüben eine Düngung ein, so entstände auf dieser Stelle eine Gliederung; und wäre schon eine Düngung in dieser Rotation in Anwendung gekommen, so würde sich ein einfaches System in ein zusammengesetztes verwandeln, indem dessen erstes Glied mit dem Roggen schlösse, sein zweites mit Stoppelrüben anfinge.

Auch die halbe Brache, also das Verhältniß, wo in derselben Vegetationsperiode eine Erndte vorherging (z. B. zweijähriger Klee bis Johannis, gedüngte halbe Brache, Raps), zählt in diesem Falle für Ein Element: die Erndte des zweijährigen Klees ist das erste, die halbe Brache das zweite. Es ist aber keine Veranlassung vorhanden, eine halbe Brache, die ungedüngt bestellt wird, als Element zu rechnen, da hier keine Gliederung eintritt. Nach der Anzahl dieser Elemente in den einfachen Systemen bezeichne ich sie als Systeme von 1, 2, 3, 4 u. s. w. Elementen.

Die zusammengesetzten Systeme hingegen könnte man immer nach der Anzahl ihrer Glieder benennen, indem man sich des Ausdrucks eines zwei-, drei-, viergliedrigen Systems oder eines Systems von so und so viel Gliedern bedient. Die Glieder sind gewissermaaßen die Elemente der zusammengesetzten Systeme, wie die Jahresfrüchte die Elemente der einfachen.

§. 27.

Die Unterscheidung der Felder- und Schlagwirthschaften.

Die einfachen Feldsysteme sind unter sich zunächst danach zu unterscheiden, ob sie überjährige Futterfelder enthalten, oder nicht.

Sind diese Futterfelder nur einjährig oder sind sie gar nicht vorhanden, so führt das System die Benennung einer **Felderwirthschaft.** Die Feldabtheilungen heißen **Felder.**

Sind hingegen diese Futterfelder, unberührt vom Pfluge, für mehr als Ein Jahr zur Nutzung bestimmt, mag es Gras, Klee, Lucerne oder Esparsette sein, mögen die Futterpflanzen zur Weide oder Heuwerbung dienen, so heißen die Systeme **Schlagwirthschaften,** und die Feldabtheilungen nicht Felder, sondern **Schläge.**

Dies Unterscheidungszeichen wird uns stets außer Zweifel setzen über die Anwendung der Worte „Feld" und „Schlag". Der

Ausdruck „Koppel" sollte nur in Gebrauch sein, wenn von eingehegten Feldern oder von kleinen, abgetrennten Feldtheilen, die nicht der Ordnung des Feldsystems folgen, die Rede ist, und könnte jede wissenschaftliche Bedeutung verlieren; als Synonym von Schlag ist er wenigstens unnütz.

§. 28.

Die einfachen Systeme der Felderwirthschaften.

In den Felderwirthschaften unterscheiden wir:

a. das eigentliche Feldersystem,
b. das unreine Feldersystem,
c. das reine Fruchtwechselsystem,
d. das unreine Fruchtwechselsystem,
e. das Gartensystem,
f. das Singularsystem.

a. und b. Das eigentliche und das unreine Feldersystem haben das Gemeinschaftliche, daß stets zwei oder mehrere Halmfrüchte in unmittelbare Folge treten.

Sie unterscheiden sich aber darin, daß in dem eigentlichen Feldersystem vor den Halmfrüchten nur Eine Frucht aus der IIten oder IIIten Gruppe (§. 19) oder eine reine Brache tritt (daß auch wohl dies Element gänzlich fehlt, wie in dem eigentlichen Zweifeldersystem: Gedüngte kleine Gerste, Roggen), während im unreinen Feldersystem mehrere Elemente aus der IIten und IIIten Gruppe in nicht unterbrochener Folge vorgehen.

Bei dieser Zählung betrachtet man die reine Brache immer, als verträte sie ein Element aus der IIten und IIIten Gruppe; also ist: „Gedüngte reine Brache, Raps, Weizen, Hafer" — ein unreines Vierfeldersystem.

Die eigentlichen Feldersysteme, die keine Vorfrucht, wohl aber eine reine Brache enthalten, bezeichnet man gern als Brachsysteme, um Verwechslungen zu vermeiden. Das oben bezeichnete System: „Kleine Gerste, Roggen" — ist ein eigentliches Zweifeldersystem; hingegen: „Brache, Roggen" — ein Brachsystem in zwei Feldern.

c. und d. Das reine und das unreine Fruchtwechselsystem, als Felderwirthschaft, unterscheiden sich von dem eigentlichen und dem unreinen Feldersystem dadurch, daß, während letztere stets zwei oder mehrere Halmfrüchte in unmittelbarer Folge bedingen, das Element der Halmfrucht dort mindestens Ein Mal einzeln erscheinen muß. Das Einzeln-Auftreten einer Halmfrucht in den Felderwirthschaften kann aber kein Fruchtwechselsystem bilden, sobald schon mehr, als zwei Halmfrüchte in directer Verbindung stehen.

Wechselt eine Halmfrucht regelmäßig mit einer Pflanze aus der zweiten oder dritten Gruppe, so entsteht ein reines Fruchtwechselsystem. Wenn aber neben der Grundbedingung des Wechsels einer Halmfrucht mit einer Futterpflanze oder Blattfrucht auch noch Folgen von mehreren Halmfrüchten, oder auch Folgen aus Elementen der beiden andern Pflanzengruppen erscheinen, so ist das System ein unreines Fruchtwechselsystem (und zwar mit überwiegendem, oder mit gleichgestelltem oder beschränktem Halmfruchtbau).

Erscheinen hier überjährige Futterkräuter, die auch überjährig benutzt werden, so tritt das System aus den Felderwirthschaften in die Schlagwirthschaften ein.

e. Die Gartensysteme schließen allen Halmfruchtbau aus.

Als Beispiel eines solchen gilt:

1) Gedüngte Kartoffeln, 2) Runkelrüben, 3) Cichorien.

Die Fruchtfolge: Gedüngte Runkelrüben, 3 Jahre Lucerne, 2 Jahre Runkelrüben, ist auch ein Gartensystem, gehört aber wegen des überjährigen Futterbaus zu den Schlagwirthschaften.

f. Singularsysteme nenne ich solche, die nur aus Einem Element bestehen.

Ist dies Element gleichartig, z. B. gedüngter Roggen, gedüngter Roggen u. s. w., oder gedüngte Mohrrüben, gedüngte Mohrrüben u. s. w., so ist es unzweifelhaft ein einfaches System; aber die folgenden gleichartigen Elemente sind die folgenden Rotationen.

Treten aber verschiedene Früchte in einer bestimmten Regel mit immer erneuter Düngung vor jeder Frucht zusammen, so gehört dies System nicht mehr zu den einfachen, sondern zu den zusammengesetzten, die wir später betrachten.

§. 29.

Die einfachen Systeme der Schlagwirthschaften.

In den Schlagwirthschaften unterscheiden wir:

g. das eigentliche Schlagsystem,

h. das unreine Schlagsystem,

i. das Schlagsystem mit reinem Fruchtwechsel,

k. das Schlagsystem mit unreinem Fruchtwechsel,

l. das Garten-Schlagsystem.

Wird in den Systemen der gleichnamigen Felderwirthschaften ein überjähriger Futtergewächsbau eingerichtet, so verwandelt sich das Feldersystem in das entsprechende Schlagsystem.

§. 30.

Die Systeme mit ungleichmäßiger Bestellung einzelner Feldabtheilungen.

Es erscheinen endlich noch einfache Systeme, deren Feldabtheilungen nicht gleichmäßig mit einer und derselben Frucht bestellt sind.

Werden durch diese Stellung des Fruchtbaus die Feldabtheilungen in gleiche Hälften getheilt, so sind es nicht einfache, sondern zusammengesetzte Systeme mit verdoppelter Anzahl der Feldabtheilungen, die man nur auf eine abgekürzte Weise darstellt.

Auch bei andern Verhältnissen der Vertheilung des Fruchtbaus, als $\frac{1}{3}$, $\frac{1}{4}$ u. s. w. der Feldabtheilungen, kann man zusammengesetzte Systeme entwickeln. Immer aber ist es vorzuziehen, sobald die Vertheilung nicht in gleiche Hälften geschieht, die Benennung des Systems nach der Fruchtstellung der größeren Hälfte zu wählen, und durch den Beisatz „mit Nebenfrucht" das obwaltende Verhältniß anzudeuten.

Z. B. das System:

1) Gedüngt: ⅔ reine Brache, ⅓ Erbsen;

2) Roggen;

3) ¾ Hafer, ¼ gedüngte Kartoffeln, —

wäre ein eigentliches Drei-Feldersystem mit Nebenfrucht.

§. 31.

Die zusammengesetzten Feldsysteme.

Die zusammengesetzten Feldsysteme bestehen unter allen Umständen aus den einfachen, welche wir so eben betrachtet haben, indem diese auf verschiedene Weise unter sich in Verbindung treten. Hieraus erklärt sich die außerordentliche Mannigfaltigkeit dieser Verbindungen und die Schwierigkeit, den Character solcher Systeme mit Präcision auszudrücken.

Verlangt man nicht die speciellste Bestimmtheit, welche nur eine wörtliche Aufzählung aller Elemente des Systems verschaffen kann, so werden wir uns nach folgenden Merkmalen einen geeigneten Wortausdruck sichern.

Man zählt die Glieder des zusammengesetzten Systems und bezeichnet es danach als ein zwei-, drei-, viergliedriges.

Enthält das zusammengesetzte System auch nur in Einem seiner Glieder überjährige Futter- oder Weideschläge, so wird es allemal als Schlagwirthschaft betrachtet.

Fehlen die überjährigen Futter- oder Weideschläge, so benennt man das System nach dem Gliede, welches das größte Zeitmaaß umfaßt. Ist das größte Zeitmaaß in mehreren Gliedern gleich, so gehet der Fruchtwechsel dem Feldersystem, dieses dem Gartensysteme vor.

Eine Verbindung von Gliedern, die nur aus Einem Element bestehen, habe ich ein Singularsystem genannt und als einfaches System bezeichnet, wenn die Folge der Elemente gleichartig ist (§. 28. f). Verbinden sich aber ungleichartige Früchte nach bestimmter Regel, eine jede mit vorangehender Düngung, so ist das System ein zusammengesetztes von Singulargliedern.

Als Beispiel diene:

Gedüngte Mohrrüben, gedüngte Wasserrüben u. s. f.

Gedüngte Kartoffeln, gedüngter Mais u. s. f.

§. 32.

Bezeichnung der Systeme.

Es scheint kein erheblicher Vortheil darin zu liegen, nach dem Vorgange anderer Wissenschaften, einige Zeichen zu bilden, vermöge welcher wir unsern Feldsystemen einen kurzen und doch bestimmten Ausdruck geben können. Indessen kann in einer Abhandlung, die vorläufig nur den Zweck hat, die Critik aufzurufen, ein solcher Versuch dennoch am Orte sein.

Die Feldsysteme entstehen aus einer Verbindung von Elementen, die ich in Gruppen (§. 19) geordnet habe. Es genügt indessen die bloße Bezeichnung der Gruppen, woraus die constituirenden Elemente entnommen sind, um den Character des Systems vollständig zu erkennen. Die systematische Benennung der Feldsysteme wird nämlich wesentlich bestimmt durch die Ordnung, in welcher die Gewächse der drei Gruppen, die Halmfrüchte, die Futterpflanzen u. s. w. sich aneinander reihen. Die Bezeichnung der Pflanzenspecies (ob Winter-, ob Sommerhalmfrucht, ob Esparsette oder Lucerne) ist hier nichts Wesentliches: wir setzen immer nach Boden und Folge die geeignetste Pflanze aus der bezeichneten Gruppe voraus, und stellen deshalb die Systeme blos aus den Pflanzengruppen dar.

Die Grundidee dieser Methodik ist eigentlich nur eine auf den Halmfruchtbau bezügliche Projection: diese Gruppe tritt in den Vordergrund.

Ich bezeichne alle Elemente derselben mit **h**; alle Pflanzen dagegen, die nicht zur Gruppe der Halmfrüchte gehören, mit dem umgekehrten h, also mit ɥ. Man verkürze indessen diesen Buchstaben, so viel möglich, und schreibe ihn in der Form h und ɥ, um für andere Zeichen und Zahlen Raum zu gewinnen.

Erinnert man sich nun aus §. 19, daß wir die Gruppen der Futtergewächse und Blattfrüchte in folgender Ordnung aufstellten:

IIte Gruppe:	IIIte Gruppe:
Futtergewächse.	Blattfrüchte.
1ste Abtheilung:	1ste Abtheilung:
Futterkräuter.	Schotenfrüchte.
2te Abtheilung:	2te Abtheilung:
Wurzelgewächse.	Handelspflanzen,

so können wir mit einem bloßen Punct auf der einen oder der anderen Seite über oder unter dem Zeichen ɥ die Pflanzen der IIten und IIIten Gruppe genügend bezeichnen, indem wir damit auf das Schema hinweisen.

Ich gebe also

den Futterkräutern die Bezeichnung ˙ɥ
" Wurzelgewächsen " " .ɥ
" Schotenfrüchten " " ɥ˙
" Handelspflanzen " " ɥ.

und behalte für die reine Brache das Zeichen ·ɥ, mit dem Punct in der Mitte.

Ist diese Brache nur eine sogenannte halbe Brache, oder ist die Frucht eine zweite Erndte desselben Jahres (die Benutzung einer halben Vegetationsperiode), so kann die Zahl 2 unter dem Gruppenzeichen, gleichsam als Nenner, dies andeuten. Es bezeichnet also

$\frac{·ɥ}{2}$ eine halbe Brache,
$\frac{.ɥ}{2}$ z. B. Stoppelrüben.

Treten mehrere Elemente derselben Pflanzenabtheilung zusammen, indem sich diese ohne Unterbrechung folgen, so kann man zur Verkürzung des Ausdrucks die Zahl dieser Elemente über das zugehörige Zeichen schreiben. So würde also $\overset{3}{\mathrm{h}}$ drei Halmfrüchte, $\overset{3}{\dot{\mathrm{u}}}$ einen dreijährigen Futterbau, z. B. Esparsette oder Weide, anzeigen.

In der Regel stimmt die Zahl der Feldabtheilungen mit der Zahl der Elemente des Systems überein; nur machen die beiden Fälle einer zweiten Frucht und einer halben gedüngten Brache eine Ausnahme. Wählen wir aber für die halbe Brache und für die zweiten Früchte die eben aufgestellten Zeichen, so braucht man nur, um die richtige Zahl der Feldabtheilungen zu finden, die mit dem Nenner 2 versehenen Zeichen bei der Zählung auszulassen.

Zur Bezeichnung mehrerer Früchte auf demselben Felde oder auf demselben Schlage kann uns dieser Punct gleichfalls dienen; z. B.

für: Kartoffeln und Erbsen $\underset{\cdot}{\dot{\mathrm{u}}}$

für: reine Brache und Raps $\underset{\cdot}{\mathrm{v}}$

Selbst wenn Halmfrüchte mit den Früchten aus den beiden andern Gruppen in einem Schlage vereinigt sind, ist die Bezeichnung ebenso einfach.

Das Zeichen $\underset{\cdot}{\dot{\mathrm{h}}}$ würde z. B. die Verbindung einer Halmfrucht mit einem Futterkraute und einem Handelsgewächs auf einem Schlage ausdrücken.

Die Glieder der zusammengesetzten Systeme endlich können durch das Additionszeichen verbunden werden; und über demselben können die Dunggrade bemerkt werden, welche den Inhalt der Düngung ausmachen, jedoch mit Auslassung aller Decimalen.

Diesem Versuche einer Bezeichnung der Feldsysteme werde ich nun einige Beispiele aus v. Lengerke's Reise nach Sachsen und Schlesien folgen lassen, um dies Zeichensystem an die oft so verwickelten Verhältnisse der Praxis zu halten.

Ich entnehme aus gedachtem Werke folgende Rotationen:

Henriettenhof.

(Seite 13.)

1) Gedüngte Kartoffeln,
2) Gerste,
3) Roggen mit Klee,
4) Klee, Ein Schnitt, nachher gedüngt und zu Raps bearbeitet,
5) Raps,
6) Weizen,
7) Hafer.

Bezeichnung:

$$+\ \underset{\cdot}{\text{ɥ}}\ \overset{2}{\mathrm{h}}\ \dot{\text{ɥ}}\ +\ \underset{2}{\text{ɥ}}\ \underset{\cdot}{\text{ɥ}}\ \overset{2}{\mathrm{h}}$$

Benennung:

Ein zweigliedriges eigentliches Feldersystem in sieben Feldern.

Kienitz.

(Seite 16.)

1) Gedüngte Hackfrüchte,
2) Gerste,
3) Roggen mit Klee und Gras,
4) Mähefutter,
5) Schaafweide bis Ende Juni, gedüngt und gebracht,
6) Raps und Rübsen,
7) Weizen,
8) Hackfrüchte,
9) Hafer.

Bezeichnung:

$$+\ \underset{\cdot}{\text{ɥ}}\ \overset{2}{\mathrm{h}}\ \dot{\text{ɥ}}^{2}\ +\ \underset{2}{\text{ɥ}}\ \underset{\cdot}{\text{ɥ}}\ \mathrm{h}\ \underset{\cdot}{\text{ɥ}}\ \mathrm{h}$$

Benennung:

Ein zweigliedriges einfaches Schlagsystem in neun Schlägen.

Daselbst die kleinen Schläge.

1) Gedüngte Kartoffeln,
2) Runkelrüben,
3) Gerste,
4) Roggen und Hafer.

Bezeichnung:

$+ \; ụ \; ụ \; h^{2}$ oder $+ \; ụ^{2} \; h^{2}$

Benennung:

Ein einfaches, unreines Feldersystem in vier Feldern.

Mögelin.

(Seite 45.)

a. Die Binnenschläge.

1) Gedüngte Kartoffeln,
2) Gerste,
3) Klee,
4) Gedüngte Kartoffeln,
5) Hülsenfrüchte,
6) Winterung.

Bezeichnung:

$+ \; ụ \; h \; u̇ \; + \; ụ \; u̇ \; h$

Benennung:

Ein zweigliedriges unreines Fruchtwechselsystem in sechs Feldern.

b. Die Außenschläge.

1) Gedüngte Kartoffeln,
2) $\frac{2}{3}$ Sommerroggen, $\frac{1}{3}$ gedüngte Kartoffeln,

3) ⅔ Weide, ⅓ Hafer,
4) }
5) } Weide,
6) }
7) Winterung.

Bezeichnung:

+ ɥ̣ ḥ ḣ ɥ̇[3] h

Benennung:

Ein einfaches Schlagsystem mit reinem Fruchtwechsel und Nebenfrucht, in sieben Schlägen.

Ribbeck.

(Seite 87.)

A. 1) Gedüngte Brache,
2) ½ Rübsen, ½ Raps,
3) ½ Roggen, ½ Kartoffeln,
4) Gedüngte Erbsen,
5) Roggen,
6) Gedüngte Kartoffeln,
7) Hafer,
8) Mäheklee,
9) Roggen.

Bezeichnung:

+ ɥ ɥ̣ ḥ + ɥ̇ h + ɥ̣ h ɥ̇ h

Benennung:

Ein dreigliedriges reines Fruchtwechselsystem in neun Feldern mit Nebenfrucht.

B. 1) Brache, gedüngt,
2) Roggen,

3) { ½ gedüngte Kartoffeln,
½ Hafer,

4) { ½ Erbsen,
½ gedüngte Kartoffeln,

5) { ½ Winterroggen,
½ Sommerroggen,

6) }
7) } Weide.

Diese Rotation kann, da ein zu gleichen Theilen getheilter Anbau stattfindet, so betrachtet werden, als wäre sie die verkürzte Darstellung einer Fruchtfolge mit einer doppelten Anzahl Schlägen.

Bezeichnung:

+ ч h + ụ u̇ h ü²

+ ч h h + ụ h ü²

Benennung:

Ein viergliedriges Schlagsystem mit unreinem Fruchtwechsel, in vierzehn Schlägen.

Fände die Theilung in zwei gleiche Hälften nicht statt, sondern z. B. zu ⅔ und zu ⅓, so wäre die Bezeichnung auf folgende Weise abzuändern:

{ (+ ч h + ụ u̇ h ü²) ⅔
{ (+ ч h² + ụ h ü²) ⅓

Amt **Alvensleben**.

(Seite 130.)

1) Gedüngte Wurzelgewächse,
2) Sommergetreide,
3) Klee mit Gras,

4) Gras, gedüngt,
5) Weizen,
6) Gedüngte Wurzelgewächse,
7) Gedüngter Mohn,
8) Weizen,
9) Klee,
10) Gerste,
11) Ged. Schotenfrüchte und Lein,
12) Wintergetreide.

Bezeichnung:

+ ɥ̣ h $\dot{\text{ɥ}}^{2}$ + ɥ_{2} h + ɥ̣ + ɥ̣ h ɥ̇ h + ɥ̣̇ h

Benennung:

Ein fünfgliedriges Schlagsystem mit reinem Fruchtwechsel und Nebenfrucht, in zwölf Schlägen.

Wegeleben.

(Seite 163.)

1) Gedüngte Oelfrüchte,
2) Winterung,
3) Kartoffeln,
4) Sommerkorn, mit Esparsette,
5)
6)
7)
8) } Esparsette,
9) Kartoffeln,
10) Gerste,
11) Gedüngte Erbsen,
12) Winterung.

Bezeichnung:

+ ɥ̣ h ɥ̣ h $\dot{\text{ɥ}}^{4}$ ɥ h + ɥ̇ h

Benennung:

Ein zweigliedriges Schlagsystem mit reinem Fruchtwechsel, in zwölf Schlägen.

Prieborn.

(S. 451.)

1) Gedüngte Runkelrüben,
2) Gekalkte Runkelrüben,
3) Gedüngte Runkelrüben,
4) Gerste,
5) Klee,
6) Klee.

Bezeichnung:

+ ụ + ụ + ụ h u̇^{2}

Benennung:

Ein dreigliedriges Schlagsystem mit reinem Fruchtwechsel, in sechs Schlägen.

Simmenau.

(S. 489.)

1) Gedüngte Winterung,
2) Kartoffeln,
3) Flachs, und auch Hafer,
4) Rother Klee,
5) Gedüngte Winterung,
6) Kartoffeln,
7) Hafer,
8) Weißer Klee.

Bezeichnung:

+ ·u$_{2}$ h ụ ḥ u̇ + ·u$_{2}$ h ụ h u̇

Benennung:

Ein zweigliedriges reines Fruchtwechselsystem in acht Feldern.

Diese Beispiele, die aus dem Reisebericht, welchem sie entnommen sind, noch zahlreich zu vermehren wären, werden zur Beurtheilung der versuchten Systematik genügen; sie zeugen aber auch von der außerordentlichen Emancipation des Landbaus in unsern Tagen. Es bleibt nur noch zu wünschen, daß im Vollgenuß dieser Freiheit die Gesetze des Gleichgewichts zwischen Ertrag und Ersatz den günstigsten Beharrungspunct überall gewinnen und behaupten.

Sechstes Capitel.

Die Berechnung des Gattungsquotienten und der Factoren der Ertragsfähigkeit aus der Aufnahme des Ertrages der Felder-, wie der Schlag-Wirthschaften.

§. 33.

Der Ersatz und seine Bestandtheile.

Der Ersatz, wie derselbe als Zähler des Gattungsquotienten unter dem Ausdruck r′ erscheint, entspringt nach den localen Verhältnissen und den besonderen Einrichtungen der Landgüter aus einem in Menge und Düngerwerth verschiedenen Material. Da indessen aller Stoff, welcher Ersatz liefert, auf Dung reducirt werden muß, um in r′ zu erscheinen, so ist nach dieser Reduction die Art dieses Materials, woraus r′ entstanden, an sich nicht so wichtig, als vielmehr nur der Antheil, den das Feldsystem selbst an der Erzeugung des Ersatzes nimmt.

Die äußeren Zuschüsse, als: das Heu der Wiesen, der Zehnten, der durch Nebenweiden gewonnene Dünger, das verfütterte Kornquantum, die Abgänge aus technischen Gewerben u. dergl. bilden durchschnittlich constante Ersatzquellen, die vom Feldsystem unabhängig bleiben. Mag der Naturalertrag desselben auf einem Minimum oder auf einem Maximum stehen: diese Ersatzmittel werden dadurch nicht nothwendig verändert, sie bilden einen constant zugeschossenen

Ersatz, den wir in abgekürztem Ausdruck als **Zuschuß** bezeichnen. Diesen Zuschuß, so verschiedenartig er (qualitativ) sein mag, können wir immer durch ein Heugewicht von gleichem Dunggehalt repräsentiren.

Ganz anders verhält es sich mit dem Ersatze, den das Feldsystem zur Düngererzeugung liefert. Dieser ist nur dann constant, wenn das System auf einem Beharrungspuncte steht. Das Stroh unserer Getreidefrüchte, wie alle Pflanzen der IIten und IIIten Gruppe, liefern einen veränderlichen Ersatz, je nachdem wir den Anbau der einzelnen Pflanzenarten ausdehnen oder beschränken, also das System verändern, und je nachdem die Ertragsfähigkeit des Bodens zu- oder abnimmt. Ich nenne diesen veränderlichen Ersatz aus dem Ertrage des Ackers den eingeschlossenen, oder kürzer: **den Einschluß.**

Bezeichnen wir nunmehr den Theil von r′, der aus dem Einschluß entsteht, mit $r_,$, und verwandeln wir das Material des Zuschusses in ein Quantum Heu, welches mit diesem — gleichen Dung liefert, so können wir, das Centnergewicht dieses Heus = f gesetzt (da $\frac{1}{3}$ f = 1'' Dung), die Gleichung bilden

$$r' = r_, + \frac{1}{3} f$$

in welcher Summe $r_,$ allemal den Einschluß, $\frac{1}{3}$ f den Zuschuß ausdrückt.

Bei der Berechnung des Ersatzes aus dem Material des Zuschusses und Einschlusses sind jederzeit die unvermeidlichen Verluste z. B. der Dünger, den das Vieh verschleppt, in Abzug zu bringen, was allerdings nur annähernd geschehen kann.

§. 34.

Der Gattungsquotient in seinen verschiedenen Gestalten.

Den allgemeinen Gattungsquotienten

$$\frac{r'}{k_1 + k_2 + \ldots}$$

haben wir nunmehr auch in der Form

$$\frac{r_, + \frac{1}{3} f}{k_1 + k_2 + \ldots}$$

kennen gelernt, wodurch wesentlich nur die Quellen, woraus r' entspringt, in jedem bestimmten Falle getrennt werden sollen.

Jetzt, wo wir im Begriff stehen, uns der Praxis zu nähern, und zu diesem Zwecke die Rechnungsregeln auf dem kürzesten Wege entwickeln wollen, bedürfen wir aber eines verkürzten Ausdrucks für den allgemeinen Gattungsquotienten, der nur seine wesentlichste Bedeutung: die Bestimmung des Reichthums in Graden für die Erzeugung von 1^c Korn auf verschiedenen Bodengattungen, enthält.

Ich bezeichne also $\frac{r'}{k_1 + k_2 + \ldots}$ mit φ, und nenne dies φ **den verkürzten Gattungsquotienten.** Es drücken also

$$\varphi \text{ und } \frac{r'}{k_1 + k_2 + \ldots} \text{ und } \frac{r_{\prime} + \frac{1}{3}f}{k_1 + k_2 + \ldots}$$

einen und denselben Begriff, aber mit verschiedenen Nebenrücksichten aus.

§. 35.

Die numerische Bestimmung der Ertragsfähigkeit, unmittelbar aus dem Brachsystem in zwei und in drei Feldern.

Im §. 11 habe ich die Gleichungen für die productive Thätigkeit und den Reichthum aus den allgemeinen Formeln entwickelt, zu welchen die Theorie (Cap. I) uns führte. Wir können aber diese Werthe von **pt** und **r** nunmehr auch aus dem bekannten Ertrage eines **Systems in zwei Feldern** und dem Gattungsquotienten direct ableiten.

Ist die erste Erndte k_1, die zweite bei unveränderter productiver Thätigkeit k_2, und der Gattungsquotient φ, so ist die Ertragsgleichung für die erste Erndte

$$ptr = k_1, \text{ und der Rest von } r = r - \varphi k_1$$

also die zweite Erndte $\quad pt(r - \varphi k_1) = k_2$.

Aus der 1sten Gleichung folgt: $pt = \frac{k_1}{r}$. Setzen wir diesen Werth von pt in die 2te Gleichung, so entsteht

$$\frac{k_1}{r}(r - \varphi k_1) = k_2$$

also $k_1(r - \varphi k_1) = k_2 r$

oder $k_1 r - \varphi k_1^2 = k_2 r$

oder $k_1 r - k_2 r = \varphi k_1^2$

oder $(k_1 - k_2) r = \varphi k_1^2$

also . . . . $\mathbf{r} = \frac{\varphi \mathbf{k}_1^2}{\mathbf{k}_1 - \mathbf{k}_2}$

und weil $pt = \frac{k_1}{r}$

so ist . . . . $\mathbf{pt} = \frac{\mathbf{k}_1 - \mathbf{k}_2}{\varphi \mathbf{k}_1}$.

Hieraus ergeben sich nun die practischen Regeln:

M. **zur Bestimmung des Reichthums:**

Man multiplicire das Quadrat der ersten Erndte mit dem Gattungsquotienten und dividire dies Product mit der Differenz beider Erndten;

N. **zur Bestimmung der productiven Thätigkeit:**

Das Product des Gattungsquotienten mit der ersten Erndte dividire man in die Differenz beider Erndten;

oder kürzer, wenn der Reichthum einmal berechnet ist:

Man dividirt den Reichthum in die erste Erndte.

Beispiel:

Es sei die erste Erndte 7^c

" " " zweite " 5,5^c

und der Gattungsquotient 0,8

so ist nach den gegebenen Regeln

der Reichthum

das Quadrat der ersten Erndte . . . . $7 \cdot 7 = 49$

multiplicirt mit dem Gattungsquotienten $0{,}8 \cdot 49 = 39{,}2$

dividirt mit der Differenz beider Erndten $7 - 5{,}5 = 1{,}5$

also $\frac{39{,}2}{1{,}5} = 26{,}13$ die gesuchte Zahl;

und die productive Thätigkeit

die erste Erndte, dividirt durch den Reichthum

$$\frac{7}{26{,}13} = 0{,}268.$$

Ausführung:

Erndte.	Ertragsfähigkeit.	Ertrag.	Erschöpfung.	Rest.
1ste	$0{,}268 \cdot 26{,}13$	7^{0}	$0{,}8 \cdot 7 = 5{,}6^{0}$	$20{,}53^{0}$
2te	$0{,}268 \cdot 20{,}53$	$5{,}5^{0}$	$0{,}8 \cdot 5{,}5 = 4{,}4^{0}$	$16{,}13^{0}$
	Summa	$12{,}5^{0}$	10^{0}	

Im **Brachsystem der drei Felder** aber ist die zweite Erndte das Product einer veränderten productiven Thätigkeit, weil die erste Erndte nach einer reinen **Brache**, die zweite nach einer weit kürzeren Vorbereitung erfolgt, und jene Erndte zwei Vegetationsperioden, diese nur eine in Anspruch nimmt.

Eine zweite uns gestellte Aufgabe wäre demnach:

Wenn im Brachsystem der **zwei** Felder das Verhältniß der Erndten und außerdem die zweite Erndte im Brachsystem der **drei** Felder bekannt sind, die productive Thätigkeit zur zweiten Erndte letztgenannten Systems zu bestimmen.

Es sei im Brachsystem der zwei Felder wiederum k_1 die erste, k_2 die zweite, und im Brachsystem der drei Felder $k_{,,}$ die zweite Erndte, φ der Gattungsquotient.

Es soll (pt)' die veränderte productive Thätigkeit im Systeme der drei Felder aus den gegebenen Verhältnissen bestimmt werden.

Es ist im Brachsystem der drei Felder

die erste Erndte $ptr = k_1$

also die Erschöpfung φk_1

und der Rest $r - \varphi k_1$

die zweite Erndte $(pt)'(r - \varphi k_1) = k_{,,}$

demnach $$(pt)' = \frac{k_{,,}}{r - \varphi k_1}.$$

Es sind aber im Quotienten $\frac{k_{,,}}{r - \varphi k}$ alle Größen theils gegeben, theils aus dem Brachsystem in zwei Feldern schon berechnete, mithin ist (pt)' bestimmt;

und die Regel zur Bestimmung der **veränderten productiven Thätigkeit** wäre:

O. Man dividire den Rest der ersten Erndte aus dem Brachsystem in zwei Feldern in die zweite Erndte des Brachsystems in drei Feldern. Der Quotient ist die gesuchte Zahl.

Beispiel:

Es sei im Brachsystem der zwei Felder

die erste Erndte	7^c
die zweite Erndte	$5{,}5^c$
der Gattungsquotient	0,8 ;

im Brachsystem der drei Felder

die erste Erndte	7^c
die zweite Erndte	5^c.

Es wird die Berechnung des Brachsystems in drei Feldern verlangt.

Aus der ersten Aufgabe (zu Anfang dieses §.) ist bereits bekannt

daß $r = 26{,}13^0$

$pt = 0{,}268$

$\varphi = 0{,}8$ ist,

also ist $(pt)'$, weil der Rest der ersten Erndte 20,53 war,

$$= \frac{5}{20{,}53} = 0{,}244 .$$

Ausführung:

Erndte.	Ertragsfähigkeit.	Ertrag.	Erschöpfung.	Rest.
1ste	$0{,}268 \cdot 26{,}13$	7^c	$0{,}8 \cdot 7 = 5{,}6^0$	$20{,}53^0$
2te	$0{,}244 \cdot 20{,}53$	5^c	$0{,}8 \cdot 5 = 4\ ^0$	$16{,}53^0$
	Summa	12^c	$9{,}6^0$	

§. 36.

Entwickelung des numerischen Werths der Factoren der Ertragsfähigkeit aus einem Schlagsystem.

So ganz natürlich aber auch die Ableitung der Factoren der Ertragsfähigkeit aus den allereinfachsten Systemen erscheinen mag, so stoßen wir doch auf das practische Hinderniß, daß, um die veränderte productive Thätigkeit im wohlbekannten Dreifeldersystem zu berechnen, jederzeit die productive Thätigkeit des Brachsystems in zwei Feldern bestimmt sein muß, und daß die Ertragsfolge des letztern, wenigstens in Norddeutschland, zu selten beobachtet worden ist, also die Schätzung dieser beiden Erndten unsicher erscheinen möchte. Somit könnte man also einen sichern practischen Stützpunct für den Anfang unserer Rechnung vermissen.

Außerdem tritt noch ein Bedenken ein. Aendern sich denn, kann man fragen, für denselben Boden die Elementarbestimmungen durch Anwendung verschiedener Systeme nicht, und darf man die aus einem bestimmten System entnommenen Schätzungen so sicher auf andere Systeme übertragen und sie zur Grundlage aller weiteren Berechnungen machen?

Diese Frage beantwortet sich eigentlich von selbst aus der abstracten Theorie. Ueberall, wo die Systeme eine Veränderung im Verhältniß der Größen p, t, ϱ bewirken, wird auch eine mehr oder weniger erhebliche Veränderung in den Elementarbestimmungen der Rechnung eintreten. Selbst in einem und demselben Systeme muß sich der Ertrag durch die mindere oder bessere Benutzung der Naturkräfte verändern; die namhafteste Veränderung aber wird sich im Gattungsquotienten stets in dem Falle zeigen, wenn wir Feldersysteme in Schlagsysteme oder auch diese in jene verwandeln. Deshalb ist auch zu rathen, wenn die Umstände es gestatten, die Berechnungsnormen aus gleichartigen Systemen zu entnehmen; und es erscheint höchst wünschenswerth, auch aus einem **Schlagsystem** die Factoren der Ertragsfähigkeit und den Gattungsquotienten ableiten zu können.

Unter den Feldsystemen, die ich im vorstehenden Capitel zu ordnen und systematisch zu benennen versucht habe, finden wir auch ein sehr altes und weit verbreitetes:

das eigentliche Schlagsystem in sieben Schlägen

(nach gewöhnlicher Benennung: die siebenschlägige Mecklenburgische Koppelwirthschaft), welches gleichzeitig alle Verhältnisse aufweiset, die uns hier interessiren.

In diesem, noch jetzt in ausgebreiteter Anwendung stehenden, Systeme, welches also sicher nicht der Vorwurf eines unbekannten Ertragsverhältnisses treffen kann, dient eine reine Brache als Vorbereitung zur Winterfrucht, der gewöhnlich zwei Sommerhalmfrüchte und dann drei Weidejahre folgen. Es stellt sich mithin, unter bestimmter Benennung der Früchte, in folgendem Bilde dar:

1) Reine Brache, die allen Dünger empfängt;
2) Roggen;
3) Gerste;
4) Hafer;
5)
6) } Weide.
7)

Die systematische Bezeichnung wäre:

$$+\ q\ h^{3}\ \dot{q}^{3}$$

Betrachten wir dies Bild schärfer, so zeigt sich ganz offen in den ersten drei Jahren des Umlaufs ein eigentliches Dreifeldersystem, also das Verhältniß einer veränderten productiven Thätigkeit; im dritten und vierten Jahre sehen wir einen Fruchtbau unter dem Verhältnisse einer gleichen Thätigkeit. Verbinden wir die ersten vier Jahre mit einander, so haben wir das eigentliche Vierfeldersystem. Aber alle diese Systeme sind bei ihrer wirthschaftlichen Anwendung abhängig von einem erheblichen Zuschuß, während in der vollständigen Form der sieben Schläge ein Grasbau eingeschlossen ist, der dies System auf eine bestimmte, obwohl gewöhnlich niedrige, Stufe des Ertrages unabhängig von allen Zuschüssen hinstellt. Es ist nicht zu verkennen, daß sich dasselbe ganz vorzüglich zur Aufnahme der Erträge und Ableitung der Ertragsfähigkeit eignet.

Es bietet uns aber noch einen andern Vortheil zu Gunsten unserer Rechnung selbst. Wir sahen uns nämlich bisher genöthigt, um im Brachsystem der zwei Felder die productive Thätigkeit für beide Erndten unverändert zu erhalten, diese als das Resultat einer Brache ohne Düngung zu betrachten, da eine der ersten Erndte gegebene Düngung vielleicht nicht blos den Reichthum vermehrte, sondern auch die productive Thätigkeit verändern konnte. Im System der sieben Schläge ist aber die Düngung der Brache Regel, die Aufnahme der Erträge geschieht unter dieser Voraussetzung, und die Wirkung der Düngung wird also schon in jeder Beziehung in die Rechnung eingeschlossen. Wir finden überhaupt in eingerichteten Feldsystemen nicht einmal Gelegenheit, Ertragsaufnahmen ohne den Einfluß der Düngung zu machen, und setzen uns also mit Annahme dieser Grundlage überall in bessere Uebereinstimmung mit der gewöhnlichen Feldordnung.

Es erscheint mir überdem nicht unwahrscheinlich, daß einem Taxanten, dem keine andere Wirthschaftsform bekannt wäre, als die des Dreifeldersystems, die Bestimmung des Ertrages einer dritten Kornerndte, mithin die Bestimmung der Erndtefolge eines Vierfeldersystems, wie es in dem Kornfruchtbau der Schlagwirthschaft erscheint, noch leichter sein würde, als die Bestimmung der Ertragsfolge eines Brachsystems in zwei Feldern. Ersteres würde aber die Vorzüge eines weitern Inhalts und, wenn ich so sagen darf, einer festeren Verbindung besitzen. Indessen will ich mir darüber keine Entscheidung gestatten, welche Methode zu einer sichern Bestimmung der Factoren der Ertragsfähigkeit den Vorzug verdient, weil dies Gegenstand der practischen Prüfung sein muß.

Mir liegt vielmehr nur die Berechnung der Feldsysteme, und jetzt ganz zunächst die Bestimmung der Werthe r, pt und (pt)′ aus dem **eigentlichen System in sieben Schlägen** ob.

In diesem sei nun der Ertrag der Erndten und der Gattungsquotient bekannt.

Die erste Erndte nach Düngung und reiner Brache sei $k_{,}$
die zweite, unmittelbar folgende sei . . . . . . $k_{,,}$
die dritte . . . . $k_{,,,}$
der Gattungsquotient sei . . . . φ

Es werden die numerischen Werthe für den Reichthum r, die Thätigkeit für die erste Erndte pt und die veränderte productive Thätigkeit für die zweite und dritte Erndte (pt)′ verlangt.

Es ist die erste Erndte

$$ptr = k_{,}\text{ ; also der Rest } r - \varphi k_{,},$$

demnach die zweite Erndte

$$(pt)'(r - \varphi k_{,}) = k_{,,}\text{ ; also der Rest } r - \varphi(k_{,} + k_{,,})$$

und die dritte Erndte

$$(pt)'(r - \varphi[k_{,} + k_{,,}]) = k_{,,,}\ .$$

Aus diesen drei Gleichungen wären die Werthe von r, pt und (pt)′ zu entwickeln.

Aus der ersten Gleichung folgt $r = \frac{k_{,}}{pt}$.

Dieser Werth von r in die zweite und dritte Gleichung gesetzt, giebt:

$$(pt)'\left(\frac{k_,}{pt} - \varphi k_,\right) = k_{,,}$$

$$\text{also } (pt)' = \frac{k_{,,}}{\frac{k_,}{pt} - \varphi k_,} = \frac{k_{,,} pt}{k_, - \varphi k_, pt}$$

$$\text{und } (pt)'\left(\frac{k_,}{pt} - \varphi [k_, + k_{,,}]\right) = k_{,,,}$$

$$\text{also } (pt)' = \frac{k_{,,,}}{\frac{k_,}{pt} - \varphi (k_, + k_{,,})} = \frac{k_{,,,} pt}{k_, - \varphi (k_, + k_{,,}) pt}$$

$$\text{folglich } \frac{k_{,,} pt}{k_, - \varphi k_, pt} = \frac{k_{,,,} pt}{k_, - \varphi (k_, + k_{,,}) pt}$$

$$\text{oder } k_, k_{,,} pt - \varphi k_{,,} (k_, + k_{,,}) (pt)^2 = k_, k_{,,,} pt - \varphi k_, k_{,,,} (pt)^2$$

$$\text{oder } k_, k_{,,} - \varphi k_{,,} (k_, + k_{,,}) pt = k_, k_{,,,} - \varphi k_, k_{,,,} pt$$

$$\text{oder } \varphi k_{,,} (k_, + k_{,,}) pt - \varphi k_, k_{,,,} pt = k_, k_{,,} - k_, k_{,,,}$$

$$\text{oder } \varphi (k_, k_{,,} + k_{,,}^2 - k_, k_{,,,}) pt = k_, (k_{,,} - k_{,,,})$$

$$\text{oder } \varphi (k_, [k_{,,} - k_{,,,}] + k_{,,}^2) pt = k_, (k_{,,} - k_{,,,})$$

$$\text{demnach } \mathbf{pt} = \frac{k_, (k_{,,} - k_{,,,})}{\varphi (k_, [k_{,,} - k_{,,,}] + k_{,,}^2)} .$$

Setzen wir diesen Ausdruck von pt in die Gleichung $r = \frac{k_,}{pt}$

$$\text{so wird } \mathbf{r} = k_, : \frac{k_, (k_{,,} - k_{,,,})}{\varphi (k_, [k_{,,} - k_{,,,}] + k_{,,}^2)}$$

$$= \frac{\varphi (k_, [k_{,,} - k_{,,,}] + k_{,,}^2)}{k_{,,} - k_{,,,}}$$

und substituiren wir endlich diesen Werth von r in die Gleichung für

$$\text{die zweite Erndte } (pt)' (r - \varphi k_,) = k_{,,}$$

$$\text{so ist } (pt)'\left(\left[\frac{\varphi (k_, [k_{,,} - k_{,,,}] + k_{,,}^2)}{k_{,,} - k_{,,,}}\right] - \varphi k_,\right) = k_{,,}$$

$$\text{also } (pt)'\left(\varphi \frac{(k_, k_{,,} - k_, k_{,,,} + k_{,,}^2) - k_, k_{,,} + k_, k_{,,,}}{k_{,,} - k_{,,,}}\right) = k_{,,}$$

$$\text{also} \ldots\ldots \quad (pt)'\left(\varphi \frac{k_{,,}^2}{k_{,,} - k_{,,,}}\right) = k_{,,}$$

demnach $\mathbf{(pt)'} = \frac{k_{,,}(k_{,,}-k_{,,,})}{\varphi k_{,,}^{2}}$

$= \frac{k_{,,}-k_{,,,}}{\varphi k_{,,}}$.

Es ist mithin in jedem System, wo drei Kornfrüchte nach den Regeln dieser Schlagwirthschaft auf einander folgen:

Der Reichthum des Bodens $\mathbf{r} = \frac{\varphi(k_{,}[k_{,,}-k_{,,,}]+k_{,,}^{2})}{k_{,,}-k_{,,,}}$

die productive Thätigkeit

nach reiner gedüngter Brache $\mathbf{pt} = \frac{k_{,}(k_{,,}-k_{,,,})}{\varphi(k_{,}[k_{,,}-k_{,,,}]+k_{,,}^{2})}$

die veränderte prod. Thät.

für die Sommerhalmfrüchte $\mathbf{(pt)'} = \frac{k_{,,}-k_{,,,}}{\varphi k_{,,}}$.

In Worten ausgedrückt lauten die Regeln:

P. 1) zur Berechnung des **Reichthums:**

Man multiplicire die erste Erndte mit der Differenz der zweiten und dritten Erndte und addire das Quadrat der zweiten hinzu. Diese Summe multiplicire man mit dem Gattungsquotienten und dividire das Product durch die Differenz der zweiten und dritten Erndte. Dieser, so bestimmte, Quotient drückt die Grade des Reichthums aus.

Q. 2) Zur Berechnung der **productiven Thätigkeit** nach reiner, gedüngter Brache dividirt man den Reichthum in das Korngewicht der ersten Erndte;

und um endlich

R. 3) die **veränderte productive Thätigkeit** für die Sommerungserndten zu bestimmen, dividirt man die Differenz der zweiten und dritten Erndte durch das Product des Gattungsquotienten mit der zweiten Erndte. Das Resultat dieser Division ist die gesuchte veränderte productive Thätigkeit

Beispiel:

Im eigentlichen siebenschlägigen System sei
die erste Erndte $k_{,} = 8^c$
die zweite Erndte $k_{,,} = 6^c$
die dritte Erndte $k_{,,,} = 5^c$
der Gattungsquotient $\varphi = 1{,}2$, also der Boden bedürftig.

Es wird die Bestimmung des Reichthums r und der beiden productiven Thätigkeiten pt und (pt)′ verlangt.

1) Bestimmung von r.

Die Differenz der zweiten und dritten Erndte ist $= 1$
multiplicirt mit der ersten Erndte $\times 8$ $= 8$
hierzu das Quadrat der zweiten Erndte $+ 6 \cdot 6$ $= 44$
multiplicirt mit dem Gattungsquotienten $\times 1{,}2$ $= 52{,}8$
dividirt mit der Differenz der 2ten u. 3ten Erndte $: 1$ $= 52{,}8$

Also ist $r = 52{,}8$.

2) Bestimmung von pt.

Die erste Erndte divid. durch den Reichthum $8 : 52{,}8 = 0{,}1515$

Also ist $pt = 0{,}1515$.

3) Bestimmung von (pt)′.

Die Differenz der zweiten und dritten Erndte ist $= 1$
Das Product des Gattungsquot. u. d. 2ten Erndte $1{,}2 \cdot 6 = 7{,}2$

Also ist (pt)′, die veränderte productive Thätigkeit, $1 : 7{,}2 = 0{,}1389$

Ausführung:

Erndte.	Ertragsfähigkeit.	Ertrag.	Erschöpfung.	Rest.
1ste	$0{,}1515 \cdot 52{,}8$	8^c	$1{,}2 \cdot 8 = 9{,}6^0$	43,2
2te	$0{,}1389 \cdot 43{,}2$	6^c	$1{,}2 \cdot 6 = 7{,}2^0$	36
3te	$0{,}1389 \cdot 36$	5^c	$1{,}2 \cdot 5 = 6^0$	30
	Summa	19^c	$22{,}8^0$	

§. 37.

Anwendung der im vorstehenden Paragraphen entwickelten Formeln zur Berechnung eines aus der Wirklichkeit entnommenen Beispiels.

Zur Berechnung eines Schlagsystems, wie es im vorstehenden Paragraphen dargestellt wurde, wünsche ich ein Beispiel aus der Wirklichkeit zu entnehmen, und verfüge mich deshalb um so lieber auf den classischen Boden von Tellow, als wir hier Gelegenheit zu einer besonders wichtigen Bemerkung erhalten werden.

Herr von Thünen bestimmt (Isolirter Staat, Seite 50) den Beharrungspunct des eigentlichen siebenschlägigen Systems mit drei Kornfrüchten auf seinem Gute, wenn kein Zuschuß stattfindet, der Ersatz also nur aus dem Stroh der Halmfrüchte und dem Grase der Dreesch- und Brachweide besteht, in folgender Weise:

Nimmt man jeden Schlag zu 100 Mecklenburger Quadrat-Ruthen an, so giebt die erste Erndte 10 Berliner Scheffel Roggen, die zweite Erndte 10 Berliner Scheffel Gerste, die dritte Erndte 12 Berliner Scheffel Hafer, der 5te, 6te und 7te Schlag liefert im Durchschnitt auf jede 270 Q.-R. die Weide für eine Kuh, die täglich 17 ℔. auf Heu reducirtes Gras verzehrt, und während 140 Tage auf dieser Weide selbst ihre Nahrung findet. Der Brachschlag endlich liefert den fünften Theil der Grasproduction, den ein Weideschlag bringt.

An Stroh wird erzeugt:

Der Schffl. Roggen	zu 82 ℔.	bringt 190 ℔.;	also 1^c	Roggen	$2{,}32^c$ Stroh
Der Schffl. Gerste	= 70 ℔.	= 93 ℔.;	= =	Gerste	$1{,}33^c$ =
Der Schffl. Hafer	= 50 ℔.	= 64,5 ℔.;	= =	Hafer	$1{,}29^c$ =

Reduciren wir diese Ertragsbestimmungen auf das Maaß Eines Preuß. Morgens, der 117,86 Mecklenb. Q.-R. enthält, so beträgt die 1ste Erndte

11,786 Schffl. Roggen, also Gewicht 9,66^c, u. Stroh 2,32·9,66 = 22,41^c

die 2te Erndte

11,786 Schffl. Gerste, „ „ 8,25^c, „ „ 1,33·8,25 = 10,97^c

die 3te Erndte

14,143 Schffl. Hafer, „ „ 7,07^c, „ „ 1,29·7,07 = 9,12^c

Summe d. Ertrags an Korn 24,98^c, an Stroh: 42,5^c.

An reducirtem Grase wird erzeugt:

auf 270 Mecklenburger Q.-R. Pfund 17 · 140 = 23,8^c

also auf 117,86 Mecklenb Q.-R. = 1 Preuß. Morgen 10,4^c

Da nun pro Morgen erzeugt werden 10,4^c reduc. Gras, so erzeugen 3 Morgen Dreeschweide 31,2^c „ „.

Hierzu durch die Brache $\frac{10,4}{5}$ . . . . 2,1^c „ „

Also überhaupt 33,3^c reduc. Gras,

wovon aber $\frac{1}{5}$ auf Wegen und Triften

verloren gehen 6,66^c

Mithin verbleiben 26,64^c

Von 26.64^c Heu erfolgen an Dung $\frac{26,64}{3} = 8,88^0$

Rechnet man hierzu den Gewinn an

Dung aus dem Stroh $= \frac{42,5}{4} = 10,62^0$

so wird überhaupt an Dung gewonnen 19,5^0.

Bei dieser Rechnung ist natürlich vorausgesetzt, daß zur Berichtigung der Futterverhältnisse ein Theil des Strohs, dem Dungwerthe nach, mit Heu oder andern nahrhaften Futtermitteln vertauscht worden ist, und daß andere unvermeidliche Düngerverluste etwa durch Kornfutterung ersetzt werden.

Da nun dies System ohne weiteren Zuschuß bei einem Ertrage von 24,98^c Korn im Beharrungszustande bleibt, so ist der Gattungsquotient

$$\varphi = \frac{19,5}{24,98} = 0,78$$

Ich sammle nunmehr alle Resultate über das Ertrags-verhältniß des Systems in sieben Schlägen:

Reine Brache, red. Gras pro M. $2{,}1^c$

Roggen k, $= 9{,}66^c$
Gerste k,, $= 8{,}25^c$ $\Big\} = 24{,}98^c$
Hafer k,,, $= 7{,}07^c$

3 Jahr Weide, red. Gras (pro M. 10,4) = 31,2

Strohverhältniß:

beim Roggen, Korn zum Stroh = 1 : 2,32
bei der Gerste, „ „ „ = 1 : 1,33
beim Hafer, „ „ „ = 1 : 1,29,

endlich $\varphi = 0{,}78$;

und berechne hieraus die Werthe von

r, pt und (pt)′.

r. Die Differenz d. 2. u. 3. Erndte ist 8,25 — 7,07 = 1,18
multiplicirt mit der 1sten Erndte . × 9,66 = 11,4
hierzu das Quadrat der 2ten Erndte $+(8{,}25)^2 = 79{,}46$
multiplicirt mit dem Gattungsquot. × 0,78 = 61,98
divid. mit d. Differ. d. 2. u. 3. Erndte : 1,18 = 52,52

Also ist r = 52,52.

pt. Der Reichthum divid. in d. 1ste Erndte $\frac{9{,}66}{52{,}52} = 0{,}184$

Also pt = 0,184.

(pt)′. Die Differenz der 2. u. 3. Erndte ist = 1,18
divid. durch d. Product d. 2. Erndte
mit d. Gattungsquotienten : (8,25·0,78) = 0,1834

Also (pt)′ = 0,1834.

Demnach ist die Berechnung des Systems selbst:

Erndte.	Ertragsfähigkeit.	Ertrag.	Erschöpfung.	Rest.
1ste	0,184 · 52,52	$9{,}66^c$	$0{,}78 \cdot 9{,}66 = 7{,}53^0$	44,99
2te	0,1834 · 44,99	$8{,}25^c$	$0{,}78 \cdot 8{,}25 = 6{,}44^0$	38,55
3te	0,1834 · 38,55	$7{,}07^c$	$0{,}78 \cdot 7{,}07 = 5{,}52^0$	33,03
	Summa	$24{,}98^c$	$19{,}49^0$	

Somit wird also das in der Schätzung gegebene Ertragsverhältniß auch durch die Rechnung dargestellt, und wir würden mit dieser Uebereinstimmung uns wohl befriedigt finden können, wenn es nicht auffallen müßte, daß die productive Thätigkeit nach der gedüngten reinen Brache mit der nach einer Winterkornerndte fast eine und dieselbe ist, während so viel Gründe für einen Unterschied sprechen.

Ich wählte gerade dies Beispiel, um die Betrachtung daran zu knüpfen, wie diese Entwickelung der Rechnungs-Elemente aus diesem Schlagsystem gewissermaaßen eine Controle über die Schätzung führt, so daß es sehr angemessen erscheint, auch die Rechnungselemente für ein Dreifeldersystem aus der Abschätzung eines Vierfeldersystems abzuleiten.

Für den vorliegenden Fall ist anzunehmen, entweder daß der Ertrag der dritten Frucht zu niedrig geschätzt worden, oder daß der Hafer dem Boden weniger geeignet, als die beiden andern Getreidefrüchte ist, also in Verbindung mit diesen nicht als Maaß gewählt werden durfte.

§ 38.

Die Correction des geschätzten Ertragsverhältnisses.

Es fragt sich nunmehr, wie in den Fällen, wo sich aus einer Ertragsschätzung Verhältnisse der productiven Thätigkeit ergeben, welche die Natur des vorliegenden Bodens offenbar nicht getreu ausdrücken, eine Correction geschehen dürfe. Zu diesem Zwecke wird es nützlich sein, aus den Gleichungen für pt und (pt)' die Verhältnisse an das Licht zu ziehen, worin diese beiden Werthe gegenseitig stehen.

Es ist nach §. 36

$$pt = \frac{k_{,}(k_{,,} - k_{,,,})}{\varphi(k_{,}[k_{,,} - k_{,,,}] + k_{,,}{}^{2})}$$

$$\text{und } (pt)' = \frac{k_{,,} - k_{,,,}}{\varphi k_{,,}},$$

also verhält sich

$$pt : (pt)' = \frac{k_{,}(k_{,,} - k_{,,,})}{\varphi(k_{,}[k_{,,} - k_{,,,}] + k_{,,}^{2})} : \frac{k_{,,} - k_{,,,}}{\varphi k_{,,}}$$

oder: $$pt : (pt)' = \frac{k_{,}}{k_{,}(k_{,,} - k_{,,,}) + k_{,,}^{2}} : \frac{1}{k_{,,}}.$$

Schon hieraus erkennen wir, daß das Verhältniß von $pt : (pt)'$ vom Werthe des Gattungsquotienten unabhängig ist, weil dieser zur Bestimmung dieses Verhältnisses völlig verschwindet.

Aus dem Verhältniß von $pt : (pt)'$ entsteht nun die Gleichung:

$$\frac{pt}{k_{,,}} = \frac{k_{,}(pt)'}{k_{,}(k_{,,} - k_{,,,}) + k_{,,}^{2}}$$

oder: $$(pt)' = \frac{(k_{,}[k_{,,} - k_{,,,}] + k_{,,}^{2})\,pt}{k_{,}k_{,,}},$$

woraus man leicht erkennt, daß, wenn $k_{,,,}$ zunimmt, die Differenz $k_{,,} - k_{,,,}$ kleiner, also der Werth des Zählers kleiner, mithin der Werth von $(pt)'$ kleiner werden muß; und umgekehrt, $(pt)'$ wird größer, wenn $k_{,,,}$ abnimmt. Auch ist es aus der Stellung von $k_{,,}$ im Zähler, wie im Nenner wohl zu schließen, daß die wirksamste Veränderung von $(pt)'$ in Verhältniß zur Veränderung der ganzen Summe des Ertrages nur durch eine Correction von $k_{,,,}$ geschehen kann.

Somit möchte, wenn aus dem Durchschnitt des geschätzten Ertrages jeder Erndte ein unverhältnißmäßiger Werth von pt und $(pt)'$ in Rechnung träte, für die Praxis die Regel entspringen, von den Schätzungen der drei Taxanten diejenige außer Acht zu lassen, welche den größten Einfluß auf dies Mißverhältniß äußert.

Wir wollen in dem Beispiel von Tellow die Schätzung der letzten Frucht nur um 5 pCt. erhöhen, was sicher innerhalb der Grenzen für unvermeidliche Fehler bei Ertragsschätzungen liegt, so würde folgendes Verhältniß von r, pt und $(pt)'$ eintreten.

Erhöht sich also der Werth von $k_{,,,} = 7{,}07$ um 5 pCt., so wird $k_{,,,} = 7{,}42$.

1) Berechnung von **r**.

Die Differenz der 2. und 3. Erndte	8,25—7,42	= 0,83
multiplicirt mit der 1sten Erndte	× 9,66	= 8,018
hierzu das Quadrat der 2. Erndte	$+(8,25)^2$	= 76,08
multiplicirt mit d. Gattungsquotienten	× 0,78	= 59,34
dividirt mit d. Differ. d. 2. u. 3. Erndte	: 0,83	= 71,49

demnach **r** = 71,49.

2) Berechnung von **pt**

Der Reichthum dividirt in die erste Erndte $\frac{9,_{66}}{71,_{49}}$ = 0,135

also **pt** = 0,135.

3) Berechnung von **(pt)'**

Die Differenz der 2. u. 3. Erndte . . . . . = 0,83

dividirt durch das Product der 2. Erndte

mit dem Gattungsquotienten $\frac{0,_{83}}{8,_{25} \cdot 0,_{78}}$ = 0,129

also **(pt)'** = 0,129.

Berechnung:

Erndte.	Ertragsfähigkeit.	Ertrag.	Erschöpfung.	Rest.
1ste	0,135 · 17,49	9,65^C	0,78 · 9,65 = 7,53^0	63,96
2te	0,129 · 63,96	8,25^C	0,78 · 8,25 = 6,43^0	57,53
3te	0,129 · 57,53	7,42^C	0,78 · 7,42 = 5,79^0	51,74
	Summa	25,32^C	19,75^0	

Auf diese Weise wird es stets gelingen, mit einer sehr geringen Veränderung im Ertragsverhältniß der dritten Frucht ein der Wahrheit sich annäherndes Verhältniß der Ertragsfähigkeit des Bodens in Rechnung treten zu lassen.

Wenn man die verschiedenen Ausdrücke der Ertragsfähigkeit:
in der ersten Berechnung 0,184 . 52,52
in der 2ten „ „ 0,135 . 71,49
in Erwägung zieht, und sich erinnert, eine wie kleine Veränderung

des Ertrages der einen Erndte diesen Unterschied herbeiführte: so kann man sich kaum der Besorgniß erwehren, daß ein aus der Ertragsfähigkeit berechneter Bodenwerth doch wohl leicht zu großen Irrthümern führen müsse. Aber der Werth des Bodens verhält sich nicht wie die Grade seines Reichthums, also hier wie 52 : 71, sondern er folgt einem ganz andern Gesetze.

Es ist zwar nicht Gegenstand meiner gegenwärtigen Aufgabe, eine Bodenwerthsberechnung anzulegen, die vielmehr den allgemeinen Taxprincipien vorbehalten bleibt, indessen sei eine ganz kurze Betrachtung über diesen Gegenstand gestattet.

Aus der Ertragsfähigkeit 0,2 . 30 folgt derselbe Ertrag von 6^c Korn, wie aus der Ertragsfähigkeit 0,3 . 20.

Im Brachsystem der zwei Felder würde im ersten Falle die zweite Erndte 0,2 . (30—6) = $4{,}8^c$, im andern Falle 0,3 . (20—6) = $4{,}2^c$ sein. Die Summe des Ertrages wäre für den ersten Fall in vier Jahren $10{,}8^c$, pro Jahr $2{,}7^c$ Korn, im andern Falle $10{,}2^c$, pro Jahr $2{,}55^c$ Korn auf den Morgen. Die so erhebliche Differenz im Reichthum erzeugt also unter Voraussetzung eines gleichen Gattungsquotienten nur eine Differenz von 15 ℔ Korn im Brutto-Ertrag pro Jahr, was mit 25 zu Capital berechnet, einem Capitalwerth von $3\frac{3}{4}^c$ Korn pro Morgen entsprechen würde, wenn von diesen 15 ℔ Korn nicht noch zwei Abzüge zu machen wären: nämlich der Theil der Wirthschaftskosten, welcher mit dem Brutto-Ertrage im Verhältniß bleibt, und der Werthsbetrag einer größern Erschöpfung, insofern sie nicht im Strohe Ersatz findet.

Die Verschiedenheit der Factoren derselben Ertragsfähigkeit des Bodens ist für seinen wahren Werth selten so erheblich, als ein sehr geringer Unterschied im Gattungsquotienten.

Siebentes Capitel.

Die Abschätzung des Bodens zur Berechnung der Feldsysteme und die Bildung der Schätzungs-Tabellen.

§. 39.

Die Bestimmung des Gattungsquotienten in der Praxis.

Die Bestimmung des Gattungsquotienten, — als unerläßliche Forderung zur Berechnung der Feldsysteme, — setzt, so weit uns die bisherigen Untersuchungen geführt haben, voraus:

entweder die Grundlage eines Brachsystems in zwei und drei Feldern, oder des eigentlichen Schlagsystems in sieben Schlägen.

Dies schließt indeß keineswegs die Möglichkeit aus, auch aus andern Systemen den Gattungsquotienten abzuleiten. Nur ist es deshalb schwieriger und unsicherer, weil uns die Erschöpfungsverhältnisse eines Fruchtbaus, der nicht zu den Halmfrüchten gehört, zur Zeit noch viel unbekannter sind, als die reinen Verhältnisse des bloßen Kornbaus.

Die Bestimmung des Gattungsquotienten selbst verlangt, nach der einmal getroffenen Wahl seiner Ableitung, nur,

daß der gegenwärtige Ertrag des Bodens während einer Rotation und der dafür zu gewährende Ersatz angegeben werde.

Wo diese Erkenntnisse nicht aus genau geführten Wirthschaftsbüchern extrahirt werden können, sind sie nur durch die Schätzung sachverständiger Personen zu erlangen, weshalb es auch stets am sichersten erscheint, ohne Rücksicht auf das örtlich eingeführte System, dasjenige zur Grundlage der Abschätzung zu nehmen, welches den Sachverständigen aus eigener Erfahrung am bekanntesten geworden ist.

Unter dieser Bedingung werden wir wenigstens im Ertragsverhältniß so richtige Bestimmungen erhalten, als die Natur des Gegenstandes überhaupt zuläßt, wenn schon nicht zu verkennen, daß zur Bestimmung des Ersatzes die practischen Schwierigkeiten nicht ohne Gewicht sind.

Der Gattungsquotient erscheint ursprünglich in der Form $\frac{r'}{k_1 + k_2 + \ldots}$ und verlangt also die Bestimmung des Ersatzes r' in Dunggraden, während unser gewöhnliches Maaß das Fuder Dünger ist, welches nach Gewicht, wie nach qualitativem Gehalt sehr abweichend erscheint. Die Sachverständigen sehen sich also genöthigt, in jedem besonderen Falle eine neue Reduction vorzunehmen, um die jedesmal ortsüblichen Fuder auf Dunggrade zurückzuführen, was der nöthigen Sicherheit ihres Geschäfts nicht förderlich sein kann.

Diese practische Schwierigkeit dürfte indessen ganz verschwinden, wenn wir die Gewohnheit annehmen, das Heuquantum pro Morgen auszusprechen, welches bei dem in Betrachtung stehenden Boden verfüttert werden muß, um, nebst dem Einschluß, das geschätzte Ertragsverhältniß unverändert zu erhalten. Dann behalten wir zur Schätzung ein ganz reelles, unverändertes Maaß, welches in sehr vielen Fällen unmittelbar aus der Erfahrung entnommen werden kann.

Aus diesem Grunde habe ich bereits im §. 33 dem Gattungsquotienten die Form

$$\frac{r_{,} + \frac{1}{3}f}{k_1 + k_2 + \ldots\ldots}$$

gegeben, worin $r_{,}$ den aus dem Einschluß entspringenden

Dung, und $\frac{1}{3}$f die Grade Dung aus dem Zuschuß ausdrückt.

In Tellow war der Gattungsquotient nach §. 37

$$\frac{19{,}5}{9{,}66 + 8{,}25 + 7{,}07} = 0{,}78 \,.$$

Aber der Ersatz erfolgte allein aus dem Einschluß: der Boden ist, der Voraussetzung nach in dem Maaße kräftig, daß $0{,}78^0$ Dung zur Erzeugung von 1^C Korn genügt.

Gesetzt nun die Taxanten hätten, um den Ertrag unverändert zu erhalten, einen Zuschuß von $2{,}35^C$ Heu pro Morgen verlangt, so würde, weil nunmehr $r_, = 19{,}5^0$, $f = 7 \cdot 2{,}35$, also $\frac{1}{3}f = \frac{16{,}45}{3} = 5{,}48^0$ ist, der Gattungsquotient im Ausdruck

$$\frac{19{,}5 + 5{,}48}{9{,}66 + 8{,}25 + 7{,}07} = 1$$

erscheinen, und der Boden wäre gemäßigt.

Durch diese Schätzungsweise wird die Schwierigkeit verschwinden, welche in der zu abstracten Bestimmung von r′ lag; und es ist die Abschätzung für jeden Boden, wie für jedes System auf das nie wechselnde Verfahren zurückgeführt:

aus dem Ertrage den Einschluß zu berechnen, und sodann das Heugewicht zu bestimmen, welches als Zuschuß pro Morgen erforderlich ist, um diesen Ertrag sicher zu stellen.

§. 40.

Ueber die Wahl des Systems, welches bei der Abschätzung zum Grunde gelegt werden soll.

Die einzige Absicht, die wir gegenwärtig mit der Schätzung des Bodens verbinden, besteht in der Bestimmung der Verhältnißzahlen pt, (pt)′, r und φ aus dem Ertragsverhältnisse und dem Zuschusse einfacher Systeme, um mit diesen Hülfsmitteln jede mögliche Modification der Feldsysteme, unter gleichen Verhältnissen der Lage und des Bodens, mit einiger Sicherheit eines zutreffenden Erfolgs berechnen zu können. Zur Ausführung dieser Schätzung werden diejenigen Wege und Mittel immer die empfehlenswerthesten sein, welche in der eigenen Kenntniß und Erfahrung der Taxanten liegen, wie schon im vorstehenden Paragraphen bemerkt worden.

Indessen ist auch schon §. 36 erinnert, daß erhebliche Veränderungen der Systeme, namentlich die Umwandlung der Felderwirthschaften in Schlagwirthschaften, und umgekehrt, aus ganz natürlichen Gründen, die schon in der Theorie liegen, mit einer mehr oder weniger erheblichen Veränderung des Gattungsquotienten verbunden sein werden; und weil uns zur Zeit die numerischen Bestimmungen dieser Veränderungen noch mangeln, möchte es wohl zu empfehlen sein, so weit es practisch ausführbar erscheint, die Felderwirthschaften auf Grundlage der Systeme $(\mathfrak{r}\,\mathbf{h})^2$ und $\mathfrak{r}\,\mathbf{h}^2$, die Schlagwirthschaften hingegen nach der Form $\mathfrak{r}\,\mathbf{h}^3\,\dot{\mathfrak{r}}^3$ oder $\mathfrak{r}\,\mathbf{h}^3\,\dot{\mathfrak{r}}^2$ abzuschätzen.

§. 41.

Die Elementar-Schätzungstabelle.

Alle und jede Berechnung der Feldsysteme verlangt die Grundlage einer Schätzungstabelle, welche die Objecte bezeichnen muß, mit welchen, — und den Bewegungsraum, innerhalb dessen gerechnet werden kann.

Die Schätzungstabelle zerfällt in zwei verschiedene Partieen. Die erste bezieht sich allein auf die Iste Pflanzengruppe (§. 19), also auf die Kornproduction des Bodens und den verhältnißmäßigen Gewinn an Stroh; die andere auf alle übrigen Erzeugnisse des Ackers, also auf die IIte und IIIte Pflanzengruppe. Jene nenne ich die **Elementar-**, diese **die Supplementar-Schätzung.**

Die Elementar-Schätzungstabelle soll in ihrer ersten Abtheilung das gegenwärtige Ertragsverhältniß des abzuschätzenden Bodens aus einem blos auf **Korn**production gerichteten Feldsysteme, und für diese Production den Ersatz, nach Einschluß und Zuschuß bestimmen, damit aus diesen Schätzungen der Gattungsquotient, der Reichthum und die Factoren der productiven Thätigkeit numerisch entwickelt werden können. Hieran gebunden, bestimmt sodann unsere Rechnungsform folgerichtig den Ertrag der verschiedensten Systeme, auf jeder Stufe ihrer Entwicklung.

Ich gebe die Form der Elementarschätzung und lasse die Erklärung nachfolgen.

Die Elementar-Schätzungstabelle.

1) die erste Abtheilung:

Boden-Classe.	Boden-Art.	Elemente des Gattungsquotienten $\frac{r_{,} + \frac{1}{3}f}{k_1 + k_2 + \ldots}$						Maximum der Rechnungssphäre.
		$(q\,h)^2$		$q\,h^2$		$q\,h^3\,\dot{q}^3$		
		Zeitiger Ertrag.	Zuschuß p. M. Heu.	Zeitiger Ertrag.	Zuschuß p. M. Heu.	Zeitiger Ertrag.	Zuschuß p. M. Heu.	
Mergeliger Lehm.	Roggen-Gerste-Hafer-Boden.	$k_1 = 8^c$ $k_2 = 6{,}5^c$	$6{,}25^c$	$k_{,} = 8^c$ $k_{,,} = 6^c$	$9{,}4^c$	$k_{,} = 8^c$ $k_{,,} = 6^c$ $k_{,,,} = 5^c$	x	9^c
Verhältniß des Korns zum Stroh								
Roggen 1 : 2,5. Gerste 1 : 1,6. Hafer 1 : 1,7.								

2) die zweite Abtheilung:

Name der Pflanzen.	Absolutes Maximum des Ertrags p. M.	für einen Kornertrag von	Schonungs-Jahre.
Hirse	. . .	. . .	. . .
Mais	. . .	. . .	. . .
u. s. w.			

Die erste Rubrik enthält die Classenbestimmung. Es ist nicht erforderlich, sich an irgend eine systematische Classification, wie ich sie unter andern in §. 2 geliefert habe, zu binden. Derjenige Ausdruck ist hier immer der beste, der die aus den Bestandtheilen, und wenn man will, auch die aus der physischen Lage des Bodens hervorgehenden Eigenschaften am deutlichsten bezeichnet. Gründlicher wäre freilich die chemische Analyse; nur dürfen wir nicht erwarten, daß sie uns Zahlen zur Führung unserer Rechnung liefert.

Die zweite Rubrik beschreibt die Bodenart (§. 3) durch bloße Anführung derjenigen Cerealien, die wir für den vorliegenden Boden als gleich geeignet betrachten, und die uns demnach als Maaß des Reichthums dienen. Getreidearten, die dem Boden weniger geeignet sind, werden nur in der zweiten Abtheilung dieser Tabelle Platz finden können, wo ihr Ertragsverhältniß zu den Kornfrüchten der ersten Abtheilung ausgedrückt werden muß.

Zur Berechnung des Einschlusses bemerke ich unter diese beiden Rubriken zugleich das Verhältniß des Korns zum Stroh.

Es folgen nunmehr drei Rubriken für die Systeme $(\eta\, h)^2$, $\eta\, h^2$ und $\eta\, h^3\, ij^3$, für welche die Schätzungs-Commission den Ertrag nach dem gegenwärtigen Zustande des Ackers und zugleich den Zuschuß an Heu zu bestimmen hat, der zur Erhaltung dieses Ertrages nothwendig ist. Unumgänglich erforderlich zur Berechnung der Ertragsfähigkeit anderer Systeme ist indessen nur, entweder die Ertrags- und Zuschußangabe für die Brachsysteme in zwei und drei Feldern, oder für das eigentliche Schlagsystem in sieben Schlägen, obschon mit der gleichzeitigen Ausfüllung aller drei Rubriken eine Controle der Schätzung verbunden wäre.

Beim Schlagsystem mußte die Colonne für den Heu-Zuschuß noch offen gelassen werden, weil hier der Einschluß erst durch Bestimmung der Grasproduction, die in der Supplementar-Schätzungstabelle (§. 42) notirt werden muß, seine Ergänzung erhält.

In einer sechsten Rubrik ist das Maximum der Rechnungssphäre bemerkt. Die Bedeutung dieser Zahl ist §. 14 erklärt.

Für die seltenen Fälle endlich, wo die Halmfrüchte der zweiten Abtheilung (§. 19) in unsern Systemen erscheinen, wird das Schema der zweiten Abtheilung der Schätzungstabelle dienen. Der Modus der Bestimmung ihres Ertrages kann ganz mit dem für die Pflanzen der IIten und IIIten Gruppe übereinstimmen. Wir werden denselben sogleich in Betrachtung nehmen.

§. 42.

Die Supplementar-Schätzungstabelle.

Für die Supplementar-Schätzung muß ich hier zur Vermeidung von Wiederholungen auf §. 21 und 22 zurückweisen, und werde in den Erklärungen um so kürzer sein dürfen.

Die Supplementar-Schätzungstabelle soll enthalten:

1) mit Ausnahme der Halmfrüchte, alle Pflanzen, die des Anbaus auf vorliegendem Boden (mit Rücksicht auf ihr Preis-Verhältniß) würdig sind, nach ihren Gruppen und Abtheilungen (§. 19) geordnet.

Sie soll

2) von jeder dieser Pflanzengattungen den höchsten Durchschnittsertrag des betreffenden Bodens feststellen, und zwar ohne Rücksicht auf seine gegenwärtige Ertragsfähigkeit, und ohne die Grenze der Rechnungssphäre zu beachten, die nur für Cerealien Bedeutung hat.

3) wäre auszudrücken, wieviel Centner Korn, geeigneter Art, anstatt dieses höchsten Durchschnittsertrages bei einer für Kornfrucht angemessenen Vorbereitung des Ackers erzeugt werden könnte, wenn die Rechnungssphäre des vorliegenden Bodens kein Hinderniß wäre. (Man sehe die Anmerkung zu diesem §.)

4) ist für jede dieser Pflanzengattungen der Zeitverlauf auszudrücken, nach welchem die Wiederholung ihres Anbaus, ohne die bekannten Nachtheile einer zu schnellen Wiederkehr, erfolgen darf. Diesen Zwischenraum nenne ich die **Schonungsjahre.**

Nach diesen vorausgeschickten Forderungen lasse ich die Form einer zum Gebrauch eingerichteten Supplementar-Schätzungstabelle, mit willkürlichen Zahlen ausgefüllt, folgen.

Die Supplementar-Schätzungstabelle.

IIte Gruppe. **Futtergewächse.**				IIIte Gruppe. **Blattfrüchte.**			
1ste Abtheilung: Futterkräuter, ц				1ste Abtheilung: Schotenfüchte, ц			
Name der Pflanzen.	Absolutes Maximum des Ertrages p. M.	für einen Kornertrag von	Schonungs-Jahre.	Name der Pflanzen.	Absolutes Maximum des Ertrages p. M.	für einen Kornertrag von	Schonungs-Jahre.
Lucerne	30^c	15^c	6	Erbsen	6^c	8^c	8
Rother Klee	25^c	10^c	9	u. s. w.			
Wickfutter	24^c	10^c	—				
Natürl. Graswuchs, 3 Jahr durchschnittl.	10^c	15^c	—				
Angebaute Gräser u. Kräuter zur Weide	20^c	15^c	—				
u. s. w.							
2te Abtheilung: Wurzelgewächse, ц				2te Abtheilung: Handelspflanzen, ц			
Kartoffeln, üb. die Einsaat	120^c	14^c	4	Winterraps	12^c	14^c	8
Runkelrüben	200^c	13^c	4	Sommerrübsen	6^c	12^c	5
u. s. w.				Mohn	$6\frac{1}{2}^c$	13^c	8
				u. s. w.			

Diese Zahlen wechseln also nach der Art des Bodens; und wenn auch vorauszusehen, daß die wahren Verhältnisse nicht immer richtig erkannt werden, so erhält unsere Rechnung in allen ihren Modificationen doch erst durch die Schätzung eine feste Grundlage. **Jede Berechnung eines Feldsystems muß sich auf eine Schätzungstabelle stützen und schwebt ohne diese rein in der Luft.**

Obschon der Standpunct eines Maximums des Ertrages ein ideeller zu sein scheint, der nur in sehr seltenen Fällen aus der Erfahrung abgeleitet werden kann; und obgleich noch weniger das Verhältniß eines imaginairen Kornertrages zur Erndte anderer Früchte direct bestimmbar ist: so wird man doch zur Bestimmung dieser Verhältnißzahlen eine ganz reelle Grundlage finden, wenn man etwa auf folgende Weise verfährt.

Ist nämlich die Ertragsfähigkeit eines Bodens durch die Elementar-Schätzung einmal bestimmt und soll nun eine andere Frucht, als Korn, z. B. die Kartoffel angebaut werden, so wird jeder Taxant, dem das Verhalten des Bodens in Beziehung auf diese Frucht bekannt ist (was doch die Schätzung immer voraussetzt), sein Urtheil dahin abgeben können:

„Wenn dieser Boden die Ertragsfähigkeit besitzt, um k^c Korn zu erzeugen, so wird er a^c Kartoffeln hervorbringen. Die Erndte a^c ist aber keinesweges als der höchste Durchschnittsertrag anzusehen, sondern der vorliegende Boden kann unter den günstigsten Düngerverhältnissen einen Durchschnittsertrag von b^c Kartoffeln liefern."

Hiermit sind aber auch alle nöthigen Bestimmungen gemacht, um die Verhältnißzahlen in die Supplementar-Schätzungstabelle einzutragen. Verlangt nämlich der Boden zu einem Ertrage von a^c Kartoffeln eine Ertragsfähigkeit für k^c Korn, und ist das Maximum für den Kartoffelertrag bestimmt, so wird der höchste Durchschnitt der Kornproduction durch ein gewöhnliches Regel-de-Tri-Exempel ermittelt. Wie sich verhält die Erndte von a^c Kartoffeln zur Ertragsfähigkeit für k^c Korn, so verhält sich das Maximum der b^c Kartoffeln zur Ertragsfähigkeit für x^c Korn. Und so für alle andere Früchte.

Diese berechneten Resultate sind es, die wir in die Schätzungstabelle setzen, um sie bei allen Veränderungen der Ertragsfähigkeit des Bodens als Hülfszahlen zu benutzen.

In dem Maaße, als sich unsere Schätzungen der Wahrheit nähern, in demselben Maaße werden auch unsere Berechnungen der Resultate der verschiedenen Feldsysteme Vertrauen verdienen. Die Abschätzungskunst, die den Weg der positiven Erfahrung einschlägt, sollte überhaupt um so mehr mit besonderer Vorliebe gepflegt werden, als für ihre Entbehrlichkeit sich noch keine solide Aussichten eröffnen. „Nicht alles Wünschenswerthe ist erreichbar, nicht alles Erkennungswerthe erkennbar."

Achtes Capitel.

Von dem normalen Beharrungspuncte zur Berechnung und Vergleichung der Feldsysteme.

§. 43.

Der Begriff des Beharrungspunctes eines Feldsystems überhaupt.

Den Reichthum, der in jedem einfachen Systeme dem Anbau der ersten Frucht dient, nenne ich den **anfänglichen Reichthum**; hingegen den Reichthum, der nach jeder Erndte dem Boden verbleibt, den **Rest**. Den Rest aber, der nach Vollendung einer ganzen Rotation erscheint, bezeichne ich als den **ganzen Rest**. Dieser bezieht sich also auf die Vollendung der Rotation, wie der bloße Rest auf eine einzelne Erndte.

Ist der anfängliche Reichthum r
die productive Thätigkeit ..... pt
der Gattungsquotient .... φ
so ist

die erste Erndte $ptr = k$,
und der Rest $r - \varphi k$,
oder auch $r - \varphi ptr$

Mithin verhält sich der Reichthum des Bodens vor Anbau einer Frucht zum Reste, wie

$$r : (r - \varphi ptr)$$

oder wie $1 : (1 - \varphi pt)$.

Folgt im nächsten Jahre eine zweite Erndte, mag sie

mit der ersten eine gleichartige oder verschiedene Halmfrucht sein, mag eine veränderte oder eine unveränderte Thätigkeit eintreten, so ist die Ertragsgleichung dafür:

$$(pt)_{,} \cdot r(1 - \varphi pt) = k_{,,}$$

und der Rest

$$r(1 - \varphi pt) - \varphi\left((pt)_{,} \cdot r(1 - \varphi pt)\right)$$
$$= r(1 - \varphi pt) - \varphi(pt)_{,} \cdot r(1 - \varphi pt)$$
$$= r(1 - \varphi pt) \cdot \left(1 - \varphi(pt)_{,}\right)$$

Verfolgen wir diese Schlüsse, so ist nach einer dritten Erndte

der Rest

$$r(1 - \varphi pt) \cdot \left(1 - \varphi(pt)_{,}\right) \cdot \left(1 - \varphi(pt)_{,,}\right)$$

Und ist hiermit die Rotation geschlossen, so ist dies Product zugleich der Ausdruck für den ganzen Rest.

Mag also die Rotation ausgedehnt sein so weit, als man will, so ist der **ganze Rest** stets ein Product des anfänglichen Reichthums mit so viel Factoren, als die Rotation Erndten einschließt; die einzelnen Factoren sind aber die in Anwendung gewesenen productiven Thätigkeiten, eine jede subtrahirt von Eins. Sie sind also auch kleiner als Eins, und mithin ist ihr Product ein echter Bruch.

Wir können dem ganzen Rest einen verkürzten Ausdruck geben, wenn wir das Product der Differenzen

$$(1 - \varphi pt) \cdot \left(1 - \varphi(pt)_{,}\right) \cdot \left(1 - \varphi(pt)_{,,}\right) \ldots$$

mit δ bezeichnen. Dann erscheint der ganze Rest im Ausdruck δr; und da der anfängliche Reichthum r ist, so verhält sich unter allen Umständen der anfängliche Reichthum zum Reste wie $r : \delta r$,

oder wie $1 : \delta$.

Wir nennen nun den **Beharrungspunct** eines jeden Systems das Verhältniß, wo der Ersatz r', zum ganzen Reste δr hinzugefügt, den anfänglichen Reichthum wieder herstellt, mithin jede folgende Rotation in einem unveränderten Ertragsverhältniß erscheint, wo also die Gleichung

$$r = \delta r + r'$$

eintritt.

In jedem System kann jedes Ertragsverhältniß ein Beharrungspunct werden, wenn die Bedingung dieser Gleichung stattfindet, also der Ersatz die Erschöpfung deckt. Wird aber dies Gleichgewicht gestört; ist der Ersatz größer oder kleiner als die Erschöpfung: so entsteht nothwendig ein höheres oder geringeres Ertragsverhältniß, also eine Bewegung nach einem höhern oder niedrigern Ziele, welches wiederum Beharrungspunct wird, sobald sich Ersatz und Erschöpfung ausgleichen.

Unter diesen verschiedenen Beharrungspuncten aber, worauf ein und dasselbe System treten kann, wird immer einer unserm wirthschaftlichen Vortheil am meisten entsprechen: wir werden aus ihm den höchsten Ertrag vom Boden ziehn.

Dieser Beharrungspunct wäre es also auch, den wir bei Berechnung unserer Feldsysteme zum Grunde legen sollten; und es ist nunmehr zu untersuchen:

1) ob wir den günstigsten Beharrungspunct numerisch bestimmen können?

2) wenn dies nicht der Fall sein sollte, welchen Punct wir zur Norm bei Vergleichung verschiedener Systeme zu wählen haben?

3) ob dieser Normalpunct, den ich im Folgenden den **normalen Beharrungspunct** nenne, auch mit jedem Feldsysteme wirklich zu erreichen steht?

§. 44.

Untersuchung über den günstigsten Beharrungspunct eines jeden Feldsystems.

Der Landbau bedingt die Anwendung von Arbeit, deren Kosten theils in Verhältniß zur Fläche des Anbaus, theils in Verhältniß zum Roh-Ertrag treten. Ein

Theil der wirthschaftlichen Ausgaben (die allgemeinen Wirthschaftskosten) steht allerdings in einem zusammengesetzten Verhältniß, aus dem des Roh-Ertrages und der Fläche; indessen können wir uns diese Kosten verhältnißmäßig vertheilt denken, wenigstens steigt ein Theil derselben dadurch nicht, daß der Roh-Ertrag sich erhöht. Es genügt uns hier, zu erkennen, daß ein Theil der Wirthschaftsausgaben überhaupt (und dies ist gewöhnlich ein sehr erheblicher, der die ganzen Bestellungskosten, also auch die Aussaat, in sich schließt) gar nicht vom Roh-Ertrage, also vom Beharrungspuncte, sondern allein von der Bestellungsfläche abhängt. Das System kann auf den Punct der wirthschaftlichen Nullität treten, es kann die Grenze des absoluten Maximums erreichen: dieser Theil der Kosten verändert sich deshalb nicht.

Hieraus allein möchte man sich für berechtigt halten, abzuleiten, daß der Beharrungspunct des absoluten Maximums auch zugleich der des höchsten wirthschaftlichen Nutzens sein müßte, indem mit zunehmendem Ertrage ein verhältnißmäßig immer kleinerer Betrag der Ausgabe (die Bestellungskosten) in Abzug kommt. Allein mit dem Verlassen der mittleren Rechnungssphäre (§. 14) verändert sich der Gattungsquotient, es tritt eine verhältnißmäßig höhere Verwendung an Dung für dieselbe Production ein; und allein aus diesem Verhältniß kann es abgeleitet werden, wie weit wir die Grenzen der mittleren Rechnungssphäre mit Nutzen überschreiten dürfen. Man kann daher nur im Allgemeinen sagen, daß wir den Beharrungszustand eines Systems nie über den Punct erhöhen dürfen, wo der steigende Nutzen aus dem Verhältniß der Bestellungskosten zur Erndte aufgewogen wird von dem Nachtheil, der aus verstärkter, aber weniger productiv verwandter, Düngung hervorgeht.

Also nur, wenn die Schätzungs-Commission den Gattungsquotienten und die Begrenzung einer höhern Rechnungssphäre zu bestimmen im Stande ist, dürfen wir die mittlere überschreiten, und wir müssen die Grenze der letztern als den normalen Beharrungspunct zur Vergleichung der Feldsysteme betrachten, wenn schon unerwiesen bleibt, daß es auch der günstigste sei.

Wenn die Grenze der mittlern Rechnungssphäre für irgend einen Boden mit 6^C Korn z. B. bestimmt wäre, und der Ertrag steigerte sich durch den Ersatz nach und nach auf 7, 8, 9^C, so ist es sicher, daß auch der Gattungsquotient wachsen würde. Wir erkennen aber zur Zeit das Gesetz dieser Steigerung nicht, und können nur übersehen, daß, wenn der Ertrag in einer arithmetischen Reihe: 7, 8, 9, wüchse, der Gattungsquotient weder in einer arithmetischen, noch in einer geometrischen zunehmen würde, sondern mit beschleunigter Geschwindigkeit, und sicher wiederum verschieden für verschiedenen Boden.

§. 45.

Ob der normale Beharrungspunct in jedem Feldsysteme zu erreichen ist?

Alle einfachen Feldsysteme, — wie auch ihre Form sei, — haben das Gemeinschaftliche, daß die Gleichung

$$r = \delta r + r'$$

ihren Beharrungspunct bestimmt, den wir auch durch

$$r - \delta r = r'$$

also $$r(1 - \delta) = r'$$

oder $$r = \frac{r'}{1-\delta}$$

ausdrücken können.

Zöge man es vor, den Beharrungspunct lieber durch die erste Kornerndte, als durch den anfänglichen Reichthum zu bestimmen, so ist die Verwandlung jener Gleichung sehr leicht. Weil

$$ptr = k,$$

so ist $$r = \frac{k,}{pt};$$

also, diesen Quotienten für r in obige Gleichung gesetzt,

$$\frac{k,}{pt} = \frac{r'}{1-\delta}$$

und $$k, = \frac{ptr'}{1-\delta}.$$

Ist demnach der Werth des Quotienten $\frac{r'}{1-\delta}$ in verschiedenen Feldsystemen derselbe, so stehen sie auf gleichem Beharrungspuncte; und Alles, was wir, bezüglich auf diesen, von einem dieser Systeme beweisen werden, ist gültig für alle.

Nach dieser Einleitung wende ich mich direct zu der Frage selbst: ob in jedem Systeme der normale Beharrungspunct auch erreicht werden kann.

In der Gleichung

$$r = \frac{r'}{1-\delta}$$

ist der Nenner $1-\delta$ in einem und demselben Feldsysteme (also bei Voraussetzung gleichen Bodens und einer unveränderten Bestellungsweise) eine unveränderliche Größe: ist also r ein Beharrungspunct, so ist auch r' eine unveränderliche Größe; und verändert sich r' (etwa durch einen vermehrten oder verminderten Zuschuß), so ist die nothwendige Folge, daß auch der Beharrungspunct sich verändern muß.

Den Zuschuß können wir aber, auch bei unverändertem Feldsystem, auf zwei Wegen verändern: entweder, wir vermindern oder vergrößern absolut den summarischen Zuschuß selbst; oder wir beschränken oder erweitern die Anbaufläche. Stellen wir z. B. nur die halbe Fläche des Feldes in Anbau, so steigt derselbe summarische Zuschuß für diesen angebauten Theil nothwendig auf das Doppelte. Da aber die Verkleinerung der Anbaufläche ganz in unserer Macht steht und nur in Null ihre Grenzen erreicht, so können wir auch ohne Ausnahme jedes Feldsystem durch bloße Veränderung der Ausdehnung auf einen beliebigen, mithin auch auf den normalen Beharrungspunct stellen. Es folgt hieraus, daß, wenn man für irgend ein System den normalen Beharrrungspunct nicht gewinnen kann, dies nur als Fehler der Einrichtung zu betrachten ist.

Systeme, deren Ertrag in Vergleichung treten soll, müssen auf dem normalen Beharrungspuncte berechnet werden, weil ohne diese gemeinschaftliche Grundlage jedes beliebige Resultat dargestellt werden kann; und da nun erwiesen worden, daß dies Ertragsverhältniß durch bloße Veränderung der Anbaufläche herzustellen ist, so ist auch zugleich der Beweis der Vergleichbarkeit aller Feldsysteme geführt.

§. 46.

Vergleichung der Erträge desselben Feldsystems aus einer bloßen Veränderung der Anbaufläche.

Während es also immer in unserm Willen liegt, durch Verkleinerung der Ackerfläche in jedem Feldsysteme den normalen Beharrungspunct zu gewinnen, bliebe noch wesentlich zu untersuchen, ob der erhöhte Ertrag auf der verkleinerten Anbaufläche auch für den Verlust an Ausdehnung entschädigt, was ich, zur Vermeidung der schon so häufig benutzten allgemeinen Anschauungsweise, blos an einem Beispiele prüfen will.

Es beherrsche das reine Brachsystem in drei Feldern einen Feldtheil von 210 Morgen in ganzer Ausdehnung. Das Verhältniß der Thätigkeit und der Gattungsquotient können willkürlich angenommen werden.

Es sei

$$pt = 0{,}2$$
$$(pt)' = 0{,}15$$
der Gattungsquotient $= 1$

Der summarische Zuschuß betrage 420^c Heu
also pro Morgen 2^c Heu.

Der normale Beharrungspunct sei 7^c Korn.

Wir finden das über die ganze Fläche ausgedehnte System in dem durch seinen Zuschuß bestimmten Beharrungspuncte, wenn wir setzen:

1ste Erndte, Roggen . . . . $0{,}2 \cdot 13{,}9^{0} = 2{,}78^{C}$

zu subtrahiren $2{,}78^{0}$

2te Erndte, Hafer . . . . $0{,}15 \cdot 11{,}12^{0} = 1{,}67^{C}$

zu subtrahiren $1{,}67^{0}$

Ganzer Rest . . . . $9{,}45^{0}$

Erschöpfung . . . . $4{,}45^{0}$

Ersatz aus dem Einschluß:

Roggenstroh $2{,}78 \cdot 2{,}5 = 6{,}95$

Haferstroh $1{,}67 \cdot 1{,}7 = 2{,}84$

Summa $9{,}79 : 4 = 2{,}45^{0}$ Dung.

Ersatz aus dem Zuschuß:

6^{C} Heu : $3 = 2^{0}$ Dung

Hierzu der Einschluß $= 2{,}45^{0}$ „

Summa $4{,}45^{0}$ Dung.

Die Erschöpfung war $4{,}45^{0}$.

Demnach stehet das System auf seinem Beharrungspunct.

Der Ertrag an Korn ist auf 3 Morgen $4{,}45^{C}$, also auf 210 Morgen $311{,}5^{C}$ Korn.

Das Ertragsverhältniß desselben Feldsystems im normalen Beharrungspuncte wäre aber folgendes:

1ste Erndte, Roggen . . . . $0{,}2 \cdot 35^{0} = 7^{C}$

zu subtrahiren 7^{0}

2te Erndte, Hafer . . . . $0{,}15 \cdot 28^{0} = 4{,}2^{C}$

zu subtrahiren $4{,}2^{0}$

Ganzer Rest . . . . $23{,}8^{0}$

Erschöpfung . . . . $11{,}2^{0}$

Ersatz aus dem Einschluß:

Roggenstroh $7 \cdot 2{,}5 = 17{,}5$

Haferstroh $4{,}2 \cdot 1{,}7 = 7{,}14$

Summa $24{,}64 : 4 = 6{,}16^{0}$ Dung.

Ersatz aus dem Zuschuß:

Die Rotation verlangt	11,2°
Der Einschluß ersetzt	6,16°
Mithin muß der Zuschuß betragen	5,04°
oder in Heu	15,12^c.

Weil nun der summarische Zuschuß 420^c beträgt, so folgt aus dem Verhältniß 15,12^c : 3 M. = 420^c : x Morgen, daß der summarische Zuschuß nur zu einer Bestellung von 83,33 Morgen genügt. Soll das System also auf normaler Höhe erhalten werden, so müssen 210—83,33 = 126,67 Morgen ganz außer Bestellung treten.

Von den 83,33 Morgen beträgt der Kornertrag, da auf 3 Morgen 11,2^c geerndtet werden, 311,1^c, also ganz nahe so viel, als zuvor bei Bestellung der ganzen Fläche.

Die in die Augen springenden Vortheile des beschränkten Verhältnisses sind aber (weil der Theil der Arbeitskosten, welcher mit der Erndte in Verhältniß bleibt, sich nicht verändert), daß sich die Bestellungskosten, wozu wesentlich die Einsaat gehört, hier zu den Bestellungskosten der ganzen Fläche verhalten, wie 83,3 : 210, und daß eine Fläche von 126,7 Morgen zu jeder andern Benutzung disponibel bleibt. Wir werden später den Einfluß zu betrachten Gelegenheit finden, wenn der außer Cultur tretende Acker auch nur zur natürlichen Graserzeugung liegen bleibt.

So wichtig ist das richtige Verhältniß der Anbaufläche, und doch wird in Praxis dieser Vortheil so häufig verkannt!

§. 47.

Von der Veränderung des Beharrungspunctes durch die Veränderung des Systems selbst.

Dient schon die Beschränkung der Ackerfläche als Mittel, den normalen Beharrungspunct in jedem System zu gewinnen, so liegt doch gewöhnlich ein noch günstigeres in der Veränderung des Systems selbst, indem wir durch Einschaltung anderer Früchte den Einschluß in Verhältniß zur Erschöpfung erhöhen.

Die wirksamste Maaßregel zu diesem Zweck ist die Umwandlung einer Felder- in eine Schlagwirthschaft; denn, während letztere die Fläche des Anbaus beschränkt und dadurch den Zuschuß relativ vermehrt, gewinnt sie noch den Ersatz der eingeschlossenen Weidefläche.

Ich werde diese Wirkung an demselben Beispiel zeigen, welches uns im vorigen §. zur Berechnung des Brachsystems in drei Feldern diente.

Es mögen also alle dortigen Verhältnißzahlen ungeändert bleiben, indem wir den Feldtheil der 210 Morgen nach den gewöhnlichen Regeln eines einfachen Systems in sieben Schlägen eingerichtet annehmen, wo nach reiner gedüngter Brache drei Halmfrüchte und nach diesen drei Weidejahre folgen.

Die Graserzeugung sei in ihrer dreijährigen Dauer, wenn das System auf dem normalen Beharrungspuncte steht, $9{,}5^{C}$ auf Heu reducirtes Weidegras, durchschnittlich für 1 Morgen einjährige, 1 Morgen zweijährige und 1 Morgen dreijährige Weide, also pro Morgen $\frac{9{,}5^{C}}{3}$ Heu, geschätzt, was nur einen schlechten Graswuchs, also keine Begünstigung des Schlagsystems durch die Natur bekundet.

Unter diesen Voraussetzungen treten wir zur Berechnung des Systems der sieben Schläge im normalen Beharrungspuncte.

1ste Erndte, Roggen nach reiner Brache $0{,}2 \cdot 35^{0} = 7^{c}$

zu subtrahiren 7^{0}

2te Erndte, Gerste nach Roggen . . . $0{,}15 \cdot 28^{0} = 4{,}2^{c}$

zu subtrahiren $4{,}2^{0}$

3te Erndte, Hafer nach Gerste . . . . $0{,}15 \cdot 23{,}8^{0} = 3{,}57^{c}$

zu subtrahiren $3{,}57^{0}$

$20{,}23^{0}$

Unmittelbarer Ersatz von 3 Weidejahren, bei einer Production von $9{,}5^{c}$ Heu, $= \frac{9{,}5}{3 \cdot 2}^{0}$; also zu addiren . . . . $1{,}58^{0}$

Ganzer Rest . . . . . $21{,}81^{0}$

Erschöpfung . . . . . $13{,}19^{0}$

Ersatz aus dem Einschluß:

Roggenstroh $7 \cdot 2{,}5 = 17{,}5$

Gerstenstroh $4{,}2 \cdot 1{,}6 = 6{,}72$

Haferstroh $3{,}57 \cdot 1{,}7 = 6{,}07$

Strohgewinn $30{,}29$

woraus an Dung erfolgt $30{,}29 : 4 = 7{,}57^{0}$

Mittelbarer Ersatz aus der Weide $\frac{9{,}5}{3} \cdot 0{,}3 = 0{,}95^{0}$

Also Ersatz aus dem Einschluß Summa $8{,}52^{0}$

Ersatz aus dem Zuschuß:

14^{c} Heu geben Ersatz $\frac{14}{3} = 4{,}67^{0}$.

Der ganze Ersatz bestehet:

aus dem Einschluß $= 8{,}52^{0}$

aus dem Zuschuß $= 4{,}67^{0}$

in Summa aus $13{,}19^{0}$

Die Erschöpfung ist $13{,}19^{0}$

Mithin stehet das System im Puncte der Beharrung.

Der Korn-Ertrag ist auf 7 Morgen $14{,}77^{c}$

also auf 210 Morgen 443^{c},

während in dem Dreifeldersystem, welches auf dem normalen Beharrungspuncte stand, nur 311^{c} Korn erzeugt werden konnten.

§. 48.

Von der Einwirkung der Gewächse der IIten und IIIten Pflanzengruppe auf den Beharrungspunct.

Es ist keinesweges meine Absicht gewesen, durch Hervorhebung des Ertrages der 443^{c} Korn gegen 311^{c} die absolute Vortrefflichkeit des Schlagsystems nachzuweisen. Die Mängel der so eben der Berechnung unterzogenen Rotation sind vielmehr so vielfach beleuchtet worden, daß man blos das verbesserte Ertragsverhältniß trotz dieser Mängel darin erkennen soll.

Eine oft noch wirksamere Maaßregel zur Hebung des Beharrungspunctes besitzen wir in der Einführung der eigentlichen Futterkräuter und der Wurzelgewächse zum Zweck der Verfütterung, weil ihre relative Erschöpfung gewöhnlich viel geringer ist, als der dem Boden zurückgegebene Ersatz bei dieser Verwendung.

Fast im entgegengesetzten Verhältniß stehen die Pflanzen der zweiten Abtheilung in der IIIten Gruppe. Während man ihnen eine größere Erschöpfung zuschreibt, sind auch die für den Viehstand gewonnenen Nebenproducte gewöhnlich nur gering, erstatten also wenig. Aber weil sie den Geldertrag der Wirthschaft heben, sind sie auch gerade da am rechten Orte, wo ein System den Punct überschreitet, der unsern Cerealien als Grenze dient, indem sie einer steigenden, aber für Getreide nicht mehr productiven, Bereicherung des Bodens entgegenwirken. Es ist einleuchtend, daß, wenn man von allen Folgen eines Systems eine klare Uebersicht gewinnen will, diese verschiedenen Einwirkungen der Pflanzen durch eine Rechnung verfolgt werden müssen, die aber wiederum ihre Stütze nur in richtigen Erfahrungen über Ertrags- und Erschöpfungsverhältnisse finden kann.

Unter diesen reichen Mitteln zur Bildung unserer Systeme soll sich unsere Wahl zunächst durch den normalen Beharrungspunct leiten lassen, immer mit Berücksichtigung der Beziehungen unserer Culturpflanzen zum Boden und zu allen Verhältnissen des Verkehrs.

Ist es fast nur ein Spiel des Zufalls, wenn ohne diese Erwägungen ein Feldsystem in allen seinen Beziehungen richtig entworfen wurde, so wird mit der Ausbildung der Methodik das Ziel erreicht sein, wo diese Prüfung einem einfachen Calcul überlassen bleiben kann, und wo unsere Praxis Sicherheit gewonnen hat.

Mir aber wird die weitere Ausführung des Beweises, wie großen Nutzen eine tiefere Begründung dieser Rechnungsform für alle Verhältnisse des Landbaus haben wird, nach einer so langen Erörterung unstreitig gern erlassen sein.

Neuntes Capitel.

Ein Rechnungs-Beispiel.

§. 49.

Einleitung.

Es kann nicht überflüssig erscheinen, diesem Entwurf zur Berechnung der Feldsysteme ein ausgeführtes Beispiel folgen zu lassen, welches diese Lehre, wo sie nicht klar genug vorgetragen sein sollte, zugleich erläutern und ergänzen kann.

Ich darf mich aber auch auf dies Beispiel beschränken, weil sich von einer lebhaften Theilnahme an der Verbesserung des Entwürfs erwarten läßt, daß sie uns Ergebnisse aus der Wirklichkeit und dadurch Gelegenheit zum Rechnen, wie zum Vergleichen, liefern wird.

Ein dem Königl. Landes-Oeconomie-Collegio vorgelegter Plan zur Einrichtung einer bäuerlichen Musterwirthschaft wird uns nunmehr dienen, Zweck und Nutzen solcher Rechnungen anschaulich zu machen. Es traf sich nämlich zufällig, daß mehrere Mitglieder des Collegiums sich lebhaft für diese Einrichtung interessirten, und so entstand (einschließlich zweier, vom Curator jener Wirthschaft aufgestellten) die Concurrenz von sechs verschiedenen Musterformen, die sich gegenseitig den Vorzug streitig machten und über deren Werth die Methodik im Folgenden entscheiden mag.

Bevor wir aber diese Rechnung selbst beginnen, würde, zur strengen Vergleichung verschiedener Feldsysteme, aus dem

Roh-Ertrage der Rein-Ertrag ermittelt, und außerdem noch eine Berechnung über die richtige Vertheilung der Arbeit angelegt werden müssen. Beides fällt aber außerhalb der Grenzen der Methodik, die mit Darlegung der Roh-Erträge des Ackers schließt. Sie bestimmt nur dies eine Element zur ganzen Werthsbestimmung des Bodens, aber das verwickeltste.

Wollen wir aber dennoch zu einer Vergleichung der Feldsysteme blos aus dieser Darlegung der Roh-Erträge gelangen, so müssen wir wegen der Verschiedenartigkeit der erzeugten Producte diese auf ein und dasselbe Maaß reduciren, wozu man gewöhnlich das Korn wählt.

Diese Reduction aller Erträge auf dasselbe Maaß trifft die Futtermittel um so specieller, weil der Gesammtwerth eines jeden Futtermittels aus Nahrungs- und Düngerwerth besteht, wovon der letztere gewöhnlich unmittelbar in den Acker zurückkehrt, bevor er einer Werthsberechnung unterliegt.

Demnach hätten wir zunächst den Nahrungswerth aller Futtermittel (abgesehen von ihrem Düngerwerth) in Korn festzusetzen.

Nicht überall findet indessen ein gleiches Verhältniß statt zwischen dem Preise des Korns und dem der thierischen Erzeugnisse. Dies richtet sich vielmehr nach der Entwickelung der Verkehrsverhältnisse und muß daher für jede Gegend besonders ermittelt werden. —

Nun hat man den Grundsatz aufgestellt:

> Der Kostenpreis des Düngers ist der Unterschied zwischen dem wirthschaftlichen Preis des Futtermittels und dem gewöhnlich geringern Marktpreis aller aus diesem Quantum Futter entstehenden thierischen Producte (den Dünger ausgenommen);
>
> der wirthschaftliche Preis des allgemeinsten Futtermittels aber, des Wiesenheus wird durch die Bodenrente, die Heuwerbungs- und Aufbewahrungskosten bestimmt.

Ich bin völlig damit einverstanden, wenn man das natürlichste Nahrungsmittel unserer Hausthiere, das Heu, und die einfachste thierische Production, das Fleischerzeugniß, zur Grundlage der Rechnung macht, und sowohl die andern Futtermittel, als auch die andern Fütterungszwecke blos als stellvertretend betrachtet, in der Art, daß der aus der Heufütterung abgeleitete Preis des Düngers so wenig durch andere Futtersurrogate, als durch andere Ernährungszwecke eine Aenderung erleiden darf.

Zur näheren Erklärung Folgendes! An jedem Orte, wo Korn und Fleisch bereits Marktwaare geworden sind, kann man ein Verhältniß zwischen den Preisen des Korns und den Preisen des Fleisches finden, wenn man die Durchschnittspreise beider Nahrungsmittel berechnet. Wir wollen annehmen, in der Gegend, für welche wir den Ertrag verschiedener Feldsysteme in Vergleichung stellen, könne aus 100 ℔. guten Heus (im wirthschaftlichen Preise = 24 ℔. Korn) die Fleischproduction, incl. Häute, Talg u. s. w., den Preis von 12 ℔. Korn erreichen nach Abzug aller andern auf die Mastung verwandten Kosten, so daß dadurch der wirthschaftliche Preis des Heus sich zur Hälfte gedeckt sähe. Die andere Hälfte des wirthschaftlichen Heupreises fällt dann also nothwendig dem Dünger zur Last, und der Kostenpreis des Düngers von diesem Heuquantum ist gleichfalls 12 ℔. Korn.

Hieraus entwickeln sich nun die wirthschaftlichen Werthe aller andern Futtermittel, so wie der Werth des Dunges selbst.

Es ist nämlich nach §. 18 das Erzeugniß von 100 ℔. Heu (der hier vorausgesetzten Güte) $\frac{1}{3}$'' Dung. Dieser Dung soll aber die Hälfte des Heuwerths decken, weil die anderen thierischen Erzeugnisse nicht mehr, als die Hälfte erstatten. Mithin ist der Kostenpreis von $\frac{1}{3}$'' Dung 12 ℔. Korn, und der Kostenpreis von 1'' Dung 36 ℔. Korn.

Dies ist der Kostenpreis des Dungs auf der Miststätte. Ueber seinen productiven Werth ist gar nicht zu urtheilen, bevor der Ort der Verwendung, nach Gattungsquotient und Ertragsfähigkeit, bekannt ist.

Wenden wir nun anstatt des Heus (oder anstatt eines Theils desselben) Korn zur Mastung an, so werden 100 ℔. Korn an organischen Erzeugnissen so viel produciren, als 300 ℔. Heu (dieser Nahrungswerth des Heus ist hier vorausgesetzt), aber in den Excrementen nur $\frac{1}{2}{}^{0}$ Dung liefern; mithin haben 100 ℔. Korn in dieser Verwendung nur den wirthschaftlichen Werth von

$$3 \cdot 12 + \frac{36}{2} = 54 \text{ ℔. Korn.}$$

Wir würden diese 100 ℔. Korn auf dem Markte um 46 Pfund besser verwerthen, und erleiden also durch die Verfütterung einen reinen Verlust von 46 pCt. Es würde unrichtig sein, den Werth dieser 46 ℔. Korn dem Dünger zur Last zu rechnen, da wir ihn um so viel wohlfeiler durch Heu erzeugen können.

Setzen wir Kartoffeln an Stelle des Heus (ich brauche wohl nicht bemerklich zu machen, daß überall ein richtiges Verhältniß der verschiedenen Futtermittel, wie des Strohs, nach den Regeln der Mastung vorausgesetzt wird), so treten sie mit dem Nahrungswerth von 200 ℔. Kartoffeln für 100 ℔. Heu und mit dem Düngerwerth von $\frac{5}{48}{}^{0}$ Dung für 100 ℔. Kartoffeln in Rechnung; also ist der wirthschaftliche Werth von 100 ℔. Kartoffeln

$$\frac{12}{2} + \frac{5}{48} \cdot 36 = 9{,}75 \text{ ℔. Korn.}$$

Das reine Getreidestroh habe ich zur Berechnung des Dungwerths der verschiedenen Futtermittel ohne Nahrungswerth angenommen (§. 18). Betrachten wir aber das Getreidestroh, wie es sich wirthschaftlich darstellt, so enthält es zurückgelassenes Korn, Aehren und manche nahrhafte Kräuter und Gräser des Feldes, selbst das Kaff ist hinzuzurechnen. Besitzen demnach 100 ℔. eines solchen Strohs den vierten Theil des Nahrungswerths von 100 ℔. Heu, so ist, weil noch außerdem 100 ℔. Getreidestroh $\frac{1}{4}{}^{0}$ Dung liefern, der wirthschaftliche Werth von 100 ℔. Stroh

$$\frac{12}{4} + \frac{36}{4} = 12 \text{ ℔. Korn.}$$

Enthalten 500 ℔. Erbsstroh den Nahrungswerth von 300 ℔. des Normalheus, und liefern 100 ℔. Erbsstroh $\frac{3}{10}{}^{0}$ Dung, so ist der wirthschaftliche Werth von 100 ℔. Erbsstroh

$$\frac{3 \cdot 12}{5} + \frac{3}{10}\, 36 = 18 \text{ ℔. Korn.}$$

Für andere Futtermittel bedürfen wir der wirthschaftlichen Werthsbestimmungen zur Anwendung in den vorliegenden Rechnungen nicht; sie sind auch überdies immer sehr leicht aus den vorangestellten Grundsätzen zu entwickeln. Ich begnüge mich also damit, die ermittelten Werthe *) in einer kleinen Tabelle zu sammeln.

Benennung der Gegenstände.	Nahrungswerth, ℔. Korn:	Düngerwerth, ℔. Korn:	Wirthschaftlich. Werth überhpt., ℔. Korn:
1° Dung	--	36	36
100 ℔. Korn	36	18	54
100 ℔. Heu (im Nahrungswerth = $33\frac{1}{3}$ ℔. Korn)	12	12	24
100 ℔. Kartoffeln	6	3,75	$9\frac{3}{4}$
100 ℔. Getreidestroh . . .	3	9	12
100 ℔. Erbsstroh	7,2	10,8	18

Alle andern Verwerthungen der Futtermittel (auf Wolle, Milch u. s. w.) dürfen, meines Erachtens, den Düngerwerth nicht verändern; man müßte denn diese andere Verwen-

*) Ganz verschiedene Rechnungswege führen zuweilen in der landwirthschaftlichen Arithmetik auf sehr übereinstimmende Resultate.

So bestimmt Herr von Monteton in seiner Anleitung zu den

dung wegen localer Verhältnisse zur Grundlage der ganzen Rechnung erheben.

Besonders günstige Verwerthungen des Futters, wie sie z. B. aus einer glücklichen Bock-Schäferei entstehen, sind als Industrie-Prämien zu betrachten und können so wenig den wirthschaftlichen Werth des Futters überhaupt, als das Verhältniß zwischen dem Nahrungs- und dem Düngerwerth desselben abändern. Wir würden sonst jeder sichern Basis zum Rechnen entbehren.

Die vorstehenden Werthsbestimmungen gehören im strengen Sinne nicht zur Methodik; sie sind uns aber zur Vergleichung des Werths der Roh-Erträge (und mit diesen müssen wir uns nothwendig hier begnügen) aus verschiedenen Feldsystemen unentbehrlich, weil uns ohne sie ein gemeinsamer Maaßstab fehlen würde.

§. 50.

Die verschiedenen Gesichtspuncte bei Berechnung eines Feldsystems.

Noch muß ich aber die verschiedenen Zwecke der Ertragsrechnungen selbst, und die Mittel, zum reinen Abschluß zu gelangen, kurz erläutern.

Die Berechnung eines bestimmten Feldsystems kann eine dreifach verschiedene Richtung verfolgen.

---

landwirthschaftlichen Veranschlagungen den Düngerwerth von 110 ℔ Mist zu 5 ℔ Roggen.

Nehmen wir nun	2^C Stroh	$= 0{,}5^0$ Dung
und	$1{,}5^C$ Heu	$= 0{,}5^0$ Dung
so entstehet aus	$3{,}5^C$ Heu u. Stroh	$= 1^0$ Dung;

und multiplicirt man $3{,}5^C$ oder 350 ℔ Stroh und Heu mit 2,3, um das Gewicht des frischen Mistes zu bestimmen, so enthält 1^0 Dung 805 ℔ Mist.

Wenn aber 1^0 Dung oder 805 ℔ Mist 36 ℔ Roggen werth sind, so sind 110 ℔ ganz nahe auch 5 ℔ Roggen werth.

Man fragt entweder:

Auf welchen Beharrungspunct tritt ein System, wenn es bei den angewiesenen Futtermitteln eine bestimmte Fläche einnimmt?

oder:

Welche Feldausdehnung kann mit diesen Futtermitteln auf dem normalen Beharrungspuncte erhalten werden?

oder endlich:

Wie viel Futtermittel fehlen, oder wie viel bleiben einer andern Verwendung vorbehalten, wenn ein über eine bestimmte Fläche ausgebreitetes System den normalen Beharrungspunct behaupten soll?

Ueber die Deckung jenes Mangels, wie über die Verwendung des Ueberflusses nun muß uns in der Rechnung ein bestimmter Grundsatz leiten.

Wir wollen daher hier die fehlenden Futtermittel in Korn anweisen, und den Ueberfluß als Marktwaare betrachten, jedoch nur zu dem niedrigen Preise der eigenen Verwerthung.

§. 51.

Zur Uebersicht der Rechnung.

Nunmehr kann ich zur Rechnung selbst in planmäßiger Folge übergehen und aus der klaren und präcisen Darstellung aller Verhältnisse dieses kleinen Guts, wie sie der Curator der Musterwirthschaft liefert, soll

§. 52) die Elementar-Schätzungstabelle entworfen und das Rechnungsmaterial entwickelt werden;

sodann

§. 53) die Berechnung unserer Wirthschaft aus einem ausgedehnten und einem beschränkten Dreifeldersystem und aus dem eigentlichen Schlagsystem in sieben Schlägen (unter A—C) folgen.

Hierauf ist

§. 54) die Supplementar-Schätzungstabelle aufzustellen.

§. 55) unter D, E, F, G, H, I sind die sechs in Vorschlag gebrachten Musterwirthschaften auf dem normalen Beharrungspunct zu berechnen,

und

unter K die gesammten Erträge zu vergleichen.

§. 56) sollen zwei dieser Systeme im Erfolg ihrer 1sten Rotation, vom Beharrungspunct des ausgedehnten Dreifeldersystems ausgehend, zusammengestellt werden;

und endlich

§. 57) werden dieselben Systeme in einer höhern Rechnungssphäre, wo zugleich die Verwendung des Einschlusses und Zuschusses nur dem Systeme dienen soll, in Vergleichung treten.

§. 52.

Die Elementar-Schätzungstabelle und die Entwickelung der Rechnungs-Elemente für das vorliegende Gut.

Allerdings kann diese Schätzungstabelle, so wie die Bestimmung der Rechnungselemente, der Wirklichkeit nur unvollkommen entsprechen, weil die Darstellung, welche zum Grunde liegt, nicht zu dieser Anwendung entworfen wurde. Indem ich aber nur ein Beispiel aufstelle, wie die zu vergleichenden Systeme nach unveränderten Principien berechnet werden sollten, ist dieser Umstand ganz ohne Bedeutung.

Das Areal des Feldes beträgt 112 Morgen; der Zuschuß aus den Wiesen 224^{c} oder 2^{c} pro Morgen Acker. Das Heu scheint ziemlich mittelmäßiger Güte zu sein; indessen wollen wir den daraus entspringenden Unterschied im Düngerwerth (§. 18) hier weiter nicht berücksichtigen und 3^{c} Heu den Nahrungswerth von 1^{c} Korn beilegen.

Besondere Weiden sind nicht vorhanden, und die unvermeidlichen und nicht zur Berechnung gezogenen Verluste im Düngermaterial mögen sich mit dem Düngergewinn aus der gleichfalls unvermeidlichen Kornfutterung compensiren.

Die Bodenclasse ist im Allgemeinen als lehmiger Sand, und in den Bodensenkungen als sandiger Lehm, etwas humos, bezeichnet.

Die Bodenart ist Roggen= demnächst Haferboden. Der gegenwärtig nicht befriedigende Ertrag des Hafers mag von einer zu starken Erschöpfung, von einer Ueberfüllung des Bodens mit Saamenunkräutern und aus einer Verweisung dieser Korngattung auf die allerschlechtesten Stellen des Ackers, indem die bessern mit Gerste bestellt werden, herrühren. Die Gerste darf hier unerörtert bleiben, da sie, durch Hafer vertreten, das Resultat der Rechnung nicht merklich ändert.

Um den Gattungsquotienten richtig auszudrücken, fehlen der Gutsbeschreibung wesentliche Bestimmungen. Es liegt aber kein Grund vor, dieser Bodengattung den Character der gemäßigten abzusprechen; denn insofern die sandigen Partieen auch wirklich ein hitziger Boden wären, so werden die Senkungen den Ausfall wohl übertragen.

Der Ertrag des Roggens ist nach einer gut behandelten und gedüngten Brache zu 6 Scheffel, also zu 5^{c}, angenommen, und es leidet wohl keinen Zweifel, daß wir das Maximum dieser Rechnungssphäre mit 7^{c} annehmen dürfen.

Ueber das Verhältniß des Kornertrages in der Erndtefolge fehlt jede Bestimmung; sie mag daher im Brachsystem der zwei Felder

in der ersten Erndte mit 5^{c}

in der zweiten Erndte mit 4^{c}

und im

Brachsystem der drei

Felder in zweiter Erndte mit 3^{c}

festgesetzt werden.

Das Strohverhältniß ist ermittelt für

1^{c} Roggen 2,13^{c} Stroh

1^{c} Hafer 1,9^{c} Stroh.

Da nun der Boden als gemäßigt erkannt wurde, so

muß der aus dem Brachsystem in drei Feldern in Folge dieser Bestimmungen abgeleitete Gattungsquotient den Ausdruck erhalten

$$\frac{8}{5+3} = 1 .$$

Uebrigens bleibt es Jedem unbenommen, andere Bestimmungen zu machen, die aber dann allemal als Grundbedingungen betrachtet werden müssen, und im Laufe der Rechnung keine weitere Abänderung gestatten.

Ich sammle nun diese Festsetzungen in der folgenden

Elementar-Schätzungstabelle.

Classe.	Art.	$(\mathfrak{q}\,\mathfrak{h})^2$	$\mathfrak{q}\,\mathfrak{h}^2$	φ	Maximum d. Rechnungssphäre.
Lehmiger Sandboden.	Roggen- demnächst Haferboden.	$k_1 = 5^c$ $k_2 = 4^c$	$k_1 = 5^c$ $k_{,,} = 3^c$	$= 1$	7^c
Strohverhältniß.					
Roggen	1 : 2,13				
Hafer	1 : 1,9 .				

Wir werden nunmehr die Rechnungselemente (§. 35) zu bestimmen haben.

Das Quadrat der ersten Erndte multiplicirt mit dem Gattungsquotienten ist $5 \cdot 5 \cdot 1 \qquad = 25$

dividirt durch die Differenz beider Erndten $25 : 1 \qquad = 25$

Also ist der Reichthum $= 25$.

Die productive Thätigkeit bestimmt sich, wenn man den Reichthum in die erste Erndte dividirt.

Hiernach ist $5 : 25 = 0{,}2$.

Also die productive Thätigkeit $= 0{,}2$.

Zur Bestimmung der veränderten productiven Thätigkeit im Brachsystem der drei Felder muß der Rest der ersten Erndte, 25 — 5 = 20, in die zweite Erndte = 3 dividirt werden (§. 35).

Nun ist aber $\frac{3}{20} = 0{,}15$;

also ist die veränderte prod. Thätigkeit = 0,15.

§. 53.

Die Berechnung seines Ertrages in einem ausgedehnten und einem beschränkten Dreifeldersystem und in einem eigentlichen Schlagsystem mit sieben Schlägen.

A. Berechnung des Ertrages eines Brachsystems in drei Feldern, welches sich bei einem Zuschusse von 2° Heu p. M. und dem Gattungsquotienten = 1 über das ganze Feld verbreitet.

Dies System gewinnt seinen Beharrungspunct *) unter folgendem Ertragsverhältniß:

Frucht.	Ertragsfähigkeit.	Ertrag.	Erschöpfung und Ersatz.	Rest.
Roggen nach Brache	0,2 · 12,77	2,55°	2,55°	10,22°
Hafer nach Roggen	0,15 · 10,22	1,53°	1,53°	8,69°

Der Ersatz in der Brache soll sein 12,77° — 8,69° = 4,08° Dung.

*) Die Aufgabe, in einfachen Systemen den Beharrungspunct für einen gegebenen Zuschuß zu bestimmen, ist immer sehr leicht zu lösen. Man berechnet eine Rotation des Systems mit einem willkürlichen anfänglichen Reichthum, und sucht den nöthigen Zuschuß, durch den man den willkürlich angenommenen anfänglichen Reichthum zum Beharrungspuncte macht. Dann verhält sich dieser berechnete Zuschuß zum willkürlich angenommenen anfänglichen Reichthum, wie der gegebene Zuschuß zum wirklichen Beharrungspunct.

Die Kornproduction ist:

Roggen $2{,}55^c$
Hafer $1{,}53^c$
Summa $4{,}08^c$

Der Ersatz aus dem Systeme ist:

aus dem Roggenstroh $2{,}55 \cdot 2{,}13 = 5{,}43$
" " Haferstroh $1{,}53 \cdot 1{,}9 = 2{,}9$
$8{,}33 : 4 = 2{,}08^0$ Dung.

Der Zuschuß beträgt 2^c Heu p. M.,
also für die Rotation $6 : 3$ $= 2^0$ "
Es ist der Ersatz $= 4{,}08^0$ Dung,

und weil dieser die Erschöpfung deckt, so ist das dargestellte Verhältniß ein Beharrungspunct.

Berechnung des Roh-Ertrages:

a. unmittelbares Kornerzeugniß:
Es werden auf 3 Morgen $4{,}08^c$ gewonnen,
also auf 112 M. . . . . $152{,}32^c$ Korn

b. aus den thierischen Erzeugnissen (§. 49), Kornwerth:
1^c Getreidestroh giebt $0{,}03^c$ Korn,
also $8{,}33^c$ . . $0{,}25^c$ Korn.
Auf 3 M. werden erzeugt $0{,}25^c$,
also auf 112 M. $9{,}33^c$
1^c Heu giebt $0{,}12^c$ Korn,
also 224^c Heu . . . $26{,}88^c$
$36{,}21^c$ "

Es ist der Roh-Ertrag $188{,}53^c$ Korn

B. Berechnung desselben Brachsystems in drei Feldern, wenn es durch den erforderlichen Zuschuß auf den normalen Beharrungspunct gestellt wird.

Die Elementar-Schätzungstabelle setzt den normalen Beharrungspunct für die mittlere Rechnungssphäre mit 7^c fest. Für diesen Beharrungspunct ist also hier der Ertrag des Systems zu berechnen.

Frucht.	Ertragsfähigkeit.	Ertrag.	Erschöpfung und Ersatz.	Rest.
Roggen nach Brache	0,2 · 35	7^c	7^0	28^0
Hafer nach Roggen	0,15 · 28	$4,2^c$	$4,2^0$	$23,8^0$

Der Ersatz in der Brache soll sein $35^0 - 23,8^0 = 11,2^0$ Dung.

Der Kornertrag ist:

Roggen 7^c

Hafer $4,2^c$

Summa $11,2^c$

Der Ersatz aus dem Systeme ist:

aus dem Roggenstroh $7 \cdot 2,13 = 14,91$

aus dem Haferstroh $4,2 \cdot 1,9 = 7,98$

$22,89 : 4 = 5,72^0$ Dung.

Die Erschöpfung war $11,2^0$ „

Mithin muß für 3 M. der Zuschuß sein $= 5,48^0$ Dung.

Wenn aber $16,44^c$ Heu zum Anbau von 3 Morgen auf dem normalen Beharrungspuncte erfordert werden, so wird der ganze Zuschuß der 224^c Heu nur zum Anbau von 40,9 Morgen genügen. Mithin müßten $112 - 40,9 = 71,1$ Morgen zur Weide liegen bleiben.

Diese Weide ist aber selbst die Quelle eines neuen Zuschusses; denn, wennschon der Dünger von der Hälfte des Weidegrases der Weidefläche unmittelbar verbleibt, und wenn auch $\frac{2}{10}$ auf Wegen und Triften verloren gehen können, so werden immer noch $\frac{3}{10}$ durch den nächtlichen Aufenthalt des Weideviehs zum Vortheil des Ackerbaus gesammelt.

Wir haben nunmehr zunächst durch Schätzung zu ermitteln, wie stark die Grasproduction dieser Weide ist, — um den Zuschuß abzuleiten, den sie liefert; sodann aber eine allgemeine Rechnungsform zu bilden, durch welche wir unter allen Verhältnissen den Theil dieser Weide zu berechnen vermögen, der als Acker im vorliegenden System von diesem Zuschuß auf dem normalen Beharrungspunct erhalten werden kann.

Lassen wir diese Schätzung in unserm Falle aus 5^c auf Heu reducirtes Weidegras bestehen, so werden also $\frac{3}{10}$ dieses Heus oder pro Morgen $\frac{5 \cdot 0{,}3}{3} = 0{,}5^0$ Dung den Zuschuß bilden, den der Morgen dieser Weide dem Acker liefern kann.

Ist also, ganz allgemein, w die Morgenzahl der Weide, die so vertheilt werden soll, daß x Morgen als Acker auf dem normalen Beharrungspunct eines beliebigen Systems aus dem Zuschusse der w — x Morgen erhalten werden können, und verlangt das System z^0 Dung als Zuschuß pro M., während die Weide e^0 Dung p. M. mittelbar liefert: so erhalten wir aus dem Rest der Weidefläche

$e(w - x)^0$ Dung als ganzen Zuschuß,

während x Morgen Acker zx^0 Dung verlangen,

mithin muß sein $zx = e(w - x)$,

woraus der Werth von x abzuleiten wäre, um die von der Weide als Acker abzunehmende Morgenzahl zu erfahren.

Wenn aber $zx = e(w - x)$

so ist auch $zx = ew - ex$

$$zx + ex = ew$$

$$(z + e)x = ew$$

und $$\mathbf{x} = \frac{ew}{z + e}$$

Wenden wir diese Gleichung auf unsere Aufgabe an, so ist $w = 71{,}1$, $e = 0{,}5$, und da der zur Unterhaltung des Systems nöthige Zuschuß p. M. $\frac{5{,}48}{3}^0$ Dung beträgt, so ist $z = 1{,}83$; mithin

$$\mathbf{x} = \frac{0{,}5 \cdot 71{,}1}{1{,}83 + 0{,}5} = \frac{35{,}55}{2{,}33} = 15{,}26 \,.$$

Also vertheilt sich die Weidefläche der 71,1 Morgen so, daß 15,26 Morgen zum Feldsystem treten, während 55,84 Morgen als Weide verbleiben; und die angebaute

Fläche wird enthalten 40,9 + 15,26 = 56,16 Morgen;
die Weidefläche 112 — 56,16 = 55,84 Morgen.

Berechnung des Roh-Ertrages.

a. Unmittelbares Kornerzeugniß:

Es werden auf 3 Morgen 11,2^{c} Korn gewonnen, also auf 56,16 M. . . . . 209,66^{c} Korn

b. Kornwerth aus den thierischen Erzeugnissen:

1^{c} Getreidestroh giebt 0,03^{c}, also 22,89^{c} = 0,69^{c}.
Auf 3 M. werden erzeugt 0,69^{c}, also auf 56,16 M. . . . . 12,92^{c}
Als Weidegras werden erzeugt . . . 5 · 55,84 = 279,2^{c}
und an Heu von d. Wiesen 224^{c}
Ueberhpt. an Heu u. red. Gras 503,2^{c}
Da nun 1^{c} Heu 0,12^{c} Korn giebt, so entstehen von 503,2^{c} . . . . 60,38^{c}
73,30^{c}

Es ist der Roh-Ertrag 282,96^{c} Korn

C. Berechnung des eigentlichen Systems in sieben Schlägen im normalen Beharrungspuncte.

Wir müssen uns hier einen Vorgriff in die Supplementar-Schätzung zur Bestimmung der Dreeschweiden gestatten, da sie in diesem Systeme erscheinen.

Der Curator der hier zu berechnenden Musterwirthschaft schätzt die Dreeschweiden außerordentlich hoch, indem er ihnen (bei einer doch sehr niedrigen Stufe der Ertragsfähigkeit des Ackers) die Ernährung von 5 Schaafen p. M. beimißt. Die Schaafe erhalten in 180 Wintertagen à Stück täglich 1½ ℔ Heu; es bleiben also noch 185 Tage für die Weidezeit. Mithin müßte bei einer unveränderten Futterration die Menge des auf Einem Morgen producirten, auf Heu reducirten, Weidegrases betragen $5 \cdot 1\frac{1}{2} \cdot 185$ ℔ $= 13{,}9^c$, also in runder Zahl 14^c Heu. Es ist zwar schon aus mehreren Beispielen bekannt, wie unsicher man aus gewöhnlichen Verhältnissen auf besondere Fälle schließt; in dieser Berechnung aber, wo ich gern ungewöhnliche Erscheinungen vermeiden möchte, sollen diese 14^c Heu für den reducirten Grasertrag nur dann gelten, wenn der Boden auf dem normalen Beharrungspuncte, also auf 7^c Ertrag stehet. Es werden also in diesem Falle für jeden c Korn, der anstatt der Weide producirt werden könnte, 2^c Heu berechnet.

Rechnung für das System der sieben Schläge.

Frucht.	Ertragsfähigkeit.	Ertrag.	Erschöpfung und Ersatz.	Rest.
Roggen nach Brache	$0{,}2 \cdot 35$	7^c	7^0	28^0
Hafer nach Roggen	$0{,}15 \cdot 28$	$4{,}2^c$	$4{,}2^0$	$23{,}8^0$
Hafer nach Hafer	$0{,}15 \cdot 23{,}8$	$3{,}57^c$	$3{,}57^0$	$20{,}23^0$
Supponirte Kornerndte, zur Berechnung der Weide:	$0{,}15 \cdot 20{,}23$	$3{,}03^c$		
Also 3 Jahr Weide	. . . . .	$3{,}03 \cdot 2 \cdot 3$*$) = 18{,}18$	$+\frac{18{,}18}{3 \cdot 2 †)} = 3{,}03$	$23{,}26^0$

Der Ersatz in der Brache soll sein $35 - 23{,}26 = 11{,}74^0$

Der Kornertrag ist:

Roggen	7^c
Hafer	$7{,}77^c$
Summa	$14{,}77^c$.

*) Der Factor 2 drückt aus, daß auf jeden c möglichen Kornertrag 2^c Heu gewonnen werden; der Factor 3 ist die Zahl der Weidejahre.

†) Im Divisor $3 \cdot 2$ hingegen ist 3 die Verhältnißzahl für den Dungwerth des reducirten Weidegrases, und 2 zeigt den Theil an, der der Weide unmittelbar verbleibt.

Der Ersatz aus dem Systeme ist:

vom Roggenstroh $7 \cdot 2{,}13 = 14{,}91$

vom Haferstroh $7{,}77 \cdot 1{,}9 = 14{,}76$

$29{,}67 : 4 = 7{,}42^0$ Dung.

Mittelbar aus der Weide $\frac{18{,}18}{3} \cdot 0{,}3 = 1{,}82^0$ „

Ueberhaupt $9{,}24^0$ Dung.

Die Erschöpfung betrug $11{,}74^0$ „

Mithin fehlen $2{,}5^0$ Dung,

oder $2{,}5 \cdot 3 = 7{,}5^c$ Heu.

Da aber der Zuschuß p. M. 2^c,
also für die Rotation . . . . $14{,}0^c$ Heu beträgt,
so ist der Ueberschuß $6{,}5^c$ Heu,

oder:

der wirthschaftliche Bedarf an Heu ist überhaupt 120^c, und es bleiben zum Verkauf 104^c Heu.

Berechnung des Rohertrages.

a. Unmittelbares Kornerzeugniß:

Auf 7 Morg. werden erzeugt $14{,}77^c$, also auf 112 M. $236{,}32^c$ Korn

b. Aus den thierischen Erzeugnissen, nach Kornwerth:

1^c Getreidestroh $= 0{,}03^c$ Korn,
also $29{,}67^c = 0{,}89^c$ Korn.

Auf 7 M. werden erzeugt $0{,}89^c$ Korn,
also auf 112 M. . . . . $14{,}24^c$

Als Weidegras werden erzeugt
auf 7 M. $18{,}18^c$, also auf 112 M. $290{,}88^c$ Heu
Von den Wiesen treten hinzu 120^c „

Ueberhaupt an Heu und
reduc. Gras . . . . . . $410{,}88^c$ Heu

Da nun 1^c Heu $0{,}12^c$ Korn giebt, so erfolgen aus $410{,}88^c$ . . . . $49{,}31^c$

$63{,}55^c$ „

c. Aus verkauften Futtermitteln:

Für 104^c Heu, pro 1^c $0{,}24^c$ Korn (§. 49) . . $24{,}96^c$ „

Es ist der Roh-Ertrag $324{,}83^c$ Korn

§. 54.

Die Supplementar-Schätzungstabelle dafür.

Im vorliegenden Falle bezieht sie sich nur auf eine sehr geringe Anzahl von Früchten.

Die Erbsen werden im Berichte als eine ganz geeignete Frucht betrachtet. Sie sind es aber auch, wenn wir setzen, daß sie denselben Ertrag im Korngewicht liefern, den wir an derselben Stelle von der geeignetsten Kornfrucht erwarten dürften. Das Maximum ihres Ertrages nehme ich übereinstimmend mit dem Maximum der Rechnungssphäre an. Das Verhältniß des Korns zum Stroh sei wie 1:2,5 geschätzt.

Vom Klee ist gesagt, daß die Kleefähigkeit des Bodens erfahrungsmäßig bezweifelt werden müsse. Deshalb darf er aber auch nicht in Rechnung stehen, denn wir würden uns nur einer Täuschung aussetzen, wenn sein Einfluß in der Rechnung sich geltend machte, aber die Frucht auf dem Acker fehlte. In der Praxis wird man ihn deshalb doch an besonders geeigneten Stellen anbauen, wennschon die Rechnung ihn ausschließt.

Den Kartoffeln sollen die Eigenschaften des vorliegenden Bodens entsprechen, was wir in Ermangelung bestimmterer Angaben genügend ausdrücken durch Annahme eines Kartoffel-Ertrags (über die Einlage), dessen Gewicht den Ertrag der geeignetsten Kornart an derselben Stelle um das Zehnfache übersteigt.

Die Moderung, die practisch einen großen Dienst leisten kann, darf so wenig in Rechnung gezogen werden, als die Verbesserung der Wiesen, die gute Bearbeitung des Landes und die pünctliche Wahrnehmung aller Zeitmomente, weil dies Alles bei jedem System in Anwendung gesetzt werden kann, und es hier darauf abgesehen ist, die besondere Wirkung der zur Wahl vorliegenden Systeme zu prüfen.

Entsprechend diesen Bestimmungen, trage ich nunmehr die Supplementar-Schätzungstabelle zusammen!

IIte Gruppe. **Futtergewächse.**			
1ste Abtheilung: Futterkräuter, ч			
Name der Pflanzen.	Absolutes Maximum des Ertrages p. M.	für einen Kornertrag von	Schonungs-Jahre.
Angebaute Gräser u. Kräuter zur Weide	14c	7c	—
2te Abtheilung: Wurzelgewächse, ч			
Kartoffeln	100c	10c	5

IIIte Gruppe. **Blattfrüchte.**			
1ste Abtheilung: Schotenfrüchte, ч			
Name der Pflanzen.	Absolutes Maximum des Ertrages p. M.	für einen Kornertrag von	Schonungs-Jahre.
Erbsen Korn : Stroh = 1 : 2,5	7c	7c	8
2te Abtheilung: Handelspflanzen, ч			

Wie diese Schätzung sich ändert, so verändern sich auch alle Resultate der darauf begründeten Rechnung, die in sich zwar völlig bestimmt, doch immer streng an die Schätzung gebunden ist. Letztere ist wiederum so einfach und folgt so unmittelbar, ohne alle höhern Kenntnisse, aus den erkannten Eigenschaften des Ackers, daß man fast glauben möchte, in jedem Dorfe einige Leute zu treffen, welche so verständliche Fragen völlig richtig beantworten können. In der Folge wird sich auch Uebung mit Erfahrung verbinden.

§. 55.

Berechnung der sechs verschiedenen in Vorschlag gebrachten Mustersysteme auf ihrem normalen Beharrungspunct.

D. Das erste, vom Curator in Vorschlag gebrachte, System ist ein zweigliedriges mit unreinem Fruchtwechsel in neun Schlägen, und mit folgender Fruchtfolge:

1) Gedüngte, reine Brache,
2) Roggen,
3) Gedüngte Kartoffeln,
4) Erbsen,
5) Roggen,
6) Hafer,
7) Weide (aus angeführten Gründen, statt Klee),
8) Weide und halbe Brache,
9) Roggen.

Berechnung:

Frucht.	Ertragsfähigkeit.	Ertrag.	Erschöpfung u. Ersatz.	Rest.
Roggen, nach reiner, gedüngter Brache	0,2 · 35	7°	7°	28°
Die Düngung zu Kartoffeln muß in dem Verhältniß geschehn, daß die danach folgende Frucht ihr Maximum erreichen kann; — mithin sein = ...	. . . .	. . . .	+19,1°(eigtl. 19,06)	47,1°
Supponirte Kornerndte	0,2 · 47,1	9,42°		
Also: Kartoffeln	. . . .	94,2°	$\frac{3}{4}$ · 9,42 = 7,06	40,04°
Supponirte Kornerndte	0,175*) · 40,04	7°		
Also: Erbsen	. . . .	7°	$\frac{2}{3}$ · 7 = 4,67	35,37°
Roggen, nach Erbsen	0,175*) · 35,37	6,2°	6,2°	29,17°
Hafer, nach Roggen	0,15 · 29,17	4,37°	4,37°	24,8°
Supponirte Kornerndte	0,15 · 24,8	3,72°		
Also: $1\frac{1}{2}$ Jahr Weide	. . . .	3,72 · 2 · $1\frac{1}{2}$ = 11,16°	+ $\frac{11,16}{2 \cdot 3}$ = 1,86°	26,66°
Roggen, nach Weide	0,175 · 26,66	4,66°	4,66°	22°

Der Ersatz in der Brache soll sein 35 — 22 = 13° Dung.

*) Ueber die hier in Anwendung gebrachte mittlere Thätigkeit vgl. m. §. 21.

Die Kornproduction ist:

Roggen	$17{,}86^{c}$
Hafer	$4{,}37^{c}$
Erbsen	7^{c}
Summa	$29{,}23^{c}$ Korn.

Der Ersatz aus dem Systeme ist:

Roggenstroh $17{,}86 \cdot 2{,}13 = 38{,}04$
Haferstroh $4{,}37 \cdot 1{,}9 = 8{,}3$
$46{,}34 : 4 = 11{,}59^{0}$ Dung.
Erbsstroh $7 \cdot 2{,}5 = 17{,}5$.
$17{,}5 \cdot 0{,}3 = 5{,}25^{0}$ „
Kartoffeln $94{,}2 \cdot \frac{5}{48} = \ldots\ldots\ldots\ 9{,}81^{0}$ „
Mittelbar aus der Weide $\frac{11{,}16}{3} \cdot 0{,}3 = \ldots\ 1{,}12^{0}$ „
Ueberhaupt $27{,}77^{0}$ Dung.

Zu den Kartoffeln ist verwandt $19{,}1^{0}$
Die Erschöpfung betrug außerdem $13{,}0^{0}$
$23{,}10^{0}$ „
Also bleibt noch zu decken $4{,}33^{0}$ Dung,
was durch $4{,}33 \cdot 3 = 13^{c}$ Heu (sehr nahe) geschieht.

Wenn aber 9 Morgen 13^{c} Heu erfordern,
so bedürfen . . . 112 „ 162^{c} „ ;
und da vorhanden sind . . . . 224^{c} „
so bleiben zum Verkauf 62^{c} Heu.

Berechnung des Roh-Ertrages.

a. Unmittelbares Kornerzeugniß:

Auf 9 Morgen werden $29{,}23^c$ Korn gewonnen,
also auf 112 Morgen . . . . $363{,}75^c$ Korn

b. Aus den thierischen Erzeugnissen, nach Kornwerth:

1^c Getreidestroh = $0{,}03^c$ Korn,
also $46{,}34^c$ Getreidestroh = $1{,}39^c$ Korn
1^c Erbsstroh = $0{,}072^c$ Korn,
also $17{,}5^c$ Erbsstroh = $1{,}26^c$ „
1^c Kartoffeln = $0{,}06^c$ Korn,
also $94{,}2^c$ Kartoffeln = $5{,}65^c$ „
1^c red. Weidegras = $0{,}12^c$ Korn,
also $11{,}16^c$ red. Gras = $1{,}34^c$ „
1^c Wiesenheu = $0{,}12^c$ Korn,
also 13^c Heu = $1{,}56^c$ „
$11{,}20^c$ Korn

Auf 9 Morg. werden erzeugt $11{,}20^c$, also auf 112 M. $139{,}38^c$ „

c. Aus den verkauften Futtermitteln:

1^c Wiesenheu = $0{,}24^c$, also 62^c . . . . . . $14{,}88^c$ „
Es ist der Roh-Ertrag $518{,}01^c$ Korn.

Dieser Rechnung habe ich noch eine Bemerkung beizufügen.

Die Stärke der Düngung im Laufe der Rotation muß immer so eingerichtet werden, daß die Frucht, zu welcher gedüngt wird, auf ein Maximum tritt, wenn nicht die der gedüngten Frucht folgende durch diese Düngung ihr Maximum überschreitet, in welchem Falle die Stärke der Düngung sich nach letzterer richtet.

Im vorstehenden Exempel ist uns (nach §. 21) bekannt, daß wir die Thätigkeit nach Kartoffeln als mittlere in Rechnung stellen. Diese mittlere Thätigkeit ist im vorliegenden Falle $\frac{0{,}2 + 0{,}15}{2} = 0{,}175$.

Da nun 7^c Korn den normalen Beharrungspunct

bezeichnet, so muß der Rest des Reichthums $\frac{7}{0{,}175} = 40^{\circ}$ sein. Der Ertrag der Kartoffeln soll aber, der Schätzung nach, das Zehnfache einer Kornerndte, und die Erschöpfung der Kartoffeln $\frac{3}{4}$ der Erschöpfung der Kornerndte betragen. Nennen wir also x den Reichthum, der der Kartoffelerndte dient, so wird 0,2 x die Ertragsfähigkeit, und $0{,}2 \cdot \frac{3}{4} x = \frac{3x}{20}$ die Erschöpfung für die Kartoffelerndte sein.

Mithin ist $40 + \frac{3x}{20} = x$

oder $800 + 3x = 20x$

$$17x = 800$$

$$x = 47{,}1 \text{ (eigentl. } 47{,}06).$$

Da nun der Rest vor der Kartoffelerndte 28° betrug, so mußte auch die Düngung $19{,}1^{\circ}$ betragen (weil $28 + 19{,}1 = 47{,}1$), wie sie im Exempel berechnet worden.

Diese Erläuterung wird für alle andern Fälle genügen. In jedem zusammengesetzten Systeme, welches auf dem normalen Beharrungspuncte berechnet werden soll, ist die Stärke der Düngung für jedes Glied eine Größe, die immer durch diesen normalen Beharrungspunct bestimmt wird. Die Praxis kann aber in besondern Fällen Abweichungen gebieten.

E. Das zweite, vom Curator in Vorschlag gebrachte System.

Der Curator besorgt, daß die Kornfrucht im 9ten Schlage einen zu geringen Ertrag geben möchte, und schlägt für diesen Fall vor, den Roggen auszusetzen, und die Weide drei Jahre zu erhalten; was nunmehr durch Rechnung geprüft werden mag.

Die früher dargestellte Rechnung bleibt unverändert, bis zu den letzten Rotationsjahren, die also hier blos in Rechnung treten.

Frucht.	Ertragsfähigkeit.	Ertrag.	Erschöpfung und Ersatz.	Rest.
Hafer, nach Roggen	$0{,}15 \cdot 29{,}17$	$4{,}37^{C}$	$4{,}37$	$24{,}8^{0}$
Supponirte Kornerndte	$0{,}15 \cdot 24{,}8$	$3{,}72^{C}$		
Also: 3 Jahr Weide	. . . . .	$3{,}72 \cdot 2 \cdot 3 = 22{,}32$	$+\frac{22{,}32}{2 \cdot 3} = 3{,}72$	$28{,}52^{0}$

Der Ersatz in der reinen Brache soll sein $35 - 28{,}52 = 6{,}48^{0}$

Die Kornproduction ist:

Roggen $13{,}2^{C}$
Hafer $4{,}37^{C}$
Erbsen 7^{C}
Summa $24{,}57^{C}$ Korn.

Der Ersatz aus dem Systeme ist:

Roggenstroh $13{,}2 \cdot 2{,}13 = 28{,}12$
Haferstroh $4{,}37 \cdot 1{,}9 = 8{,}3$
$36{,}42 : 4 = 9{,}1^{0}$ Dung.
Erbsstroh $7 \cdot 2{,}5 = 17{,}5$; $17{,}5 \cdot 0{,}3 = 5{,}25^{0}$ „
Kartoffeln $94{,}2 \cdot \frac{5}{48} =$ . . . . $9{,}81^{0}$ „
Mittelbar aus der Weide $\frac{22{,}32}{3} \cdot 0{,}3 = 2{,}23^{0}$ „
Ueberhaupt $26{,}39^{0}$ Dung.

Zu den Kartoffeln ist verwandt $19{,}1$
Die Erschöpfung außerdem $6{,}48$
$25{,}58^{0}$ „

Der Ueberschuß aus dem Systeme beträgt $0{,}81^{0}$ Dung.

Der Einschluß deckt also nicht nur den Ersatz, sondern wir dürfen von den Kartoffeln noch $0{,}81 \cdot \frac{48}{5} = 7{,}77^{C}$ zum Verkauf berechnen, und der ganze Zuschuß an Heu kommt zur vollen Verwerthung durch Verkauf, als überflüssig zur Erhaltung des Systems auf dem normalen Beharrungspunct.

Die im System zu verwendenden Kartoffeln betragen

also nur 94,2 — 7,77 = 86,43^c; und da auf 9 M. 7,77^c Kartoffeln zum Verkauf gestellt werden können, so können von 112 Morgen überhaupt verkauft werden 96,7^c.

Berechnung des Roh-Ertrages.

a. Unmittelbares Kornerzeugniß:

Auf 9 M. werden 24,57^c Korn erzeugt, also
auf 112 Morgen . . . . 305,76^c Korn.

b. Aus den thierischen Erzeugnissen, nach Kornwerth:

1^c Getreidestroh giebt
0,03^c Korn, also 36,42^c = 1,09^c Korn
1^c Erbsstroh giebt
0,072^c Korn, also 17,5^c = 1,26^c „
1^c Kartoffeln giebt
0,06^c Korn, also 86,43^c = 5,19^c „
1^c red. Weidegras giebt
0,12^c Korn, also 22,32^c = 2,68^c „
10,22^c Korn

Auf 9 M. werden erzeugt 10,22^c Korn, also
auf 112 Morgen . . . . 127,18^c „

c. Aus den verkauften Futtermitteln:

1^c Kartoffeln giebt
0,0975^c Korn, also 96,7^c = 9,43^c Korn
1^c Heu giebt
0,24^c Korn, also 224,0^c = 53,76^c „
63,19^c „

Es ist der Roh-Ertrag 496,13^c Korn.

Da nun das erste System des Curators 518,01^c ergab, so ist es in Beziehung auf Roh-Ertrag dem letztern vorzuziehen, wenn wir nämlich beide Systeme im normalen Beharrungspuncte vergleichen.

Zweifelhaft erscheint dies hingegen in Rücksicht des Rein-Ertrags; und als ganz sicher ist anzunehmen, daß letzteres viel schneller den normalen Beharrungspunct gewinnt, wenn in beiden Systemen die hier zum Verkauf berechneten Futtermittel zur Fütterung verwandt werden.

F. Der erste Referent verwirft die beiden vorgeschlagenen Systeme und stellt das nachstehende auf:

1) Gedüngte, reine Brache,
2) Roggen,
3) Hafer,
4) Zur Hälfte: Gedüngte Erbsen; zur anderen Hälfte: Gedüngte Kartoffeln,
5) Winter- und Sommerroggen (letzteren setze ich hier anstatt Gerste in Rechnung, um keine neue Frucht einzumengen),
6) Weide,
7) Weide und halbe Brache,
8) Roggen,
9) Hafer.

Berechnung dieser Rotation im normalen Beharrungspunct.

Frucht.	Ertragsfähigkeit.	Ertrag.	Erschöpfung u. Ersatz.	Rest.
Roggen, nach gedüngter Brache	0,2 · 35	7^c	7^0	28^0
Hafer, nach Roggen	0,15 · 28	$4{,}2^c$	$4{,}2^0$	$23{,}8^0$
Düngung zu Erbsen, der halbe Schlag	. . . .	. . . .	. . . . + 20,64	$44{,}44^0$
Supponirte Kornerndte	0,15 · 44,44	$6{,}67^c$		
Also: Erbsen	. . . .	$\frac{6{,}67^c}{2}$	$\frac{2}{3} \cdot 6{,}67 = 4{,}44$	40^0
Düngung zu Kartoffeln, der halbe Schlag	. . . .	. . . .	. . . . + 23,26	$47{,}06^0$
Supponirte Kornerndte	0,2 · 47,06	$9{,}41^c$		
Also: Kartoffeln	. . . .	$\frac{94{,}1^c}{2}$	$\frac{3}{4} \cdot 9{,}41 = 7{,}06$	40^0
Roggen, nach Erbsen u. Kartoffeln	0,175 · 40	7^c	7^0	33^0
Supponirte Kornerndte	0,15 · 33	$4{,}95^c$		
Also: Weide 1½ Jahr	. . . .	$4{,}95 \cdot 2 \cdot 1\frac{1}{2} = 14{,}85^c$	$+ \frac{14{,}85}{2 \cdot 3} = 2{,}48^0$	$35{,}48^0$
Roggen, nach Weide	0,175 · 35,48	$6{,}21^c$	$6{,}21^0$	$29{,}27^0$
Hafer, nach Roggen	0,15 · 29,27	$4{,}39^c$	$4{,}39^0$	$24{,}88^0$

Der Ersatz in der reinen Brache soll sein $35 - 24{,}88 = 10{,}12^0$ Dung.

Die Kornproduction ist:

Roggen	$20,21^c$
Hafer	$8,59^c$
Erbsen	$3,34^c$
Summa	$32,14^c$ Korn.

Der Ersatz aus dem Systeme ist:

Roggenstroh $20,21 \cdot 2,13 = 43,04$

Haferstroh $8,59 \cdot 1,9 = 16,32$

$59,36 : 4 = 14,84^0$ Dung.

Erbsstroh $3,34 \cdot 2,5 = 8,35$; $8,35 \cdot 0,3 = 2,51^0$ „

Kartoffeln $47 \cdot \frac{5}{48}$ . . . . $= 4,89^0$ „

Mittelbar aus der Weide $\frac{14,85}{3} \cdot 0,3 = 1,49^0$ „

Summa $23,73^0$ Dung.

Zu Kartoffeln und Erbsen ist verwandt $\frac{20,64 + 23,26}{2} = 21,95^0$,

Zur Brache werden erfordert $10,12^0$

$32,07^0$ „

Es müssen noch gedeckt werden $8,34^0$ Dung.

Der Zuschuß der Wiesen beträgt p. M. 2^c Heu, mithin für die Rotation 18^c; oder $\frac{18}{3} = 6^0$ „

Es ist also noch durch Kornfütterung zu ersetzen $2,34^0$ Dung oder $2,34 \cdot 2 = 4,68^c$ Korn.

Mithin bleiben vom Ertrage der $32,14^c$ Korn nur $32,14 - 4,68 = 27,46^c$ zum Verkauf.

Berechnung des Roh=Ertrages.

a. Unmittelbares Kornerzeugniß:

Von 9 Morgen kommen 27,46^c Korn zum Verkauf, also von 112 Morgen . . . . 341,72^c Korn

b. Von den thierischen Erzeugnissen, nach Kornwerth:

1^c Getreidestroh giebt
0,03^c Korn, also 59,36^c = 1,78^c Korn

1^c Erbsstroh giebt
0,072^c Korn, also 8,35^c = 0,60^c „

1^c Kartoffeln giebt
0,06^c Korn, also 47,00^c = 2,82^c „

1^c red. Weidegras giebt
0,12^c Korn, also 14,85^c = 1,78^c „

1^c Wiesenheu giebt
0,12^c Korn, also 18,00^c = 2,16^c „

1^c Korn giebt
0,36^c Korn, also 4,68^c = 1,68^c „

10,82^c Korn

Auf 9 Morgen werden erzeugt 10,82^c Korn, also auf 112 Morgen . . . . 134,65^c „

Es ist der Roh=Ertrag 476,37^c Korn.

G. Der zweite Referent verwirft die drei vorgeschlagenen Systeme, begnügt sich jedoch damit, im zweiten System des Curators die Weide unmittelbar nach dem Erbs=Roggen, und den dadurch verdrängten Hafer hinter die dreijährige Weide zu bringen; dergestalt, daß sein System die nachstehende Rotation bildet:

1) Reine, gedüngte Brache,
2) Roggen,
3) Gedüngte Kartoffeln,
4) Erbsen,
5) Roggen,

6)
7) Weide,
8)
9) Hafer.

Wir behalten also die sub D. angelegte Berechnung bei, bis da, wo die Weide nach Roggen eintritt.

Frucht.	Ertragsfähigkeit.	Ertrag.	Erschöpfung und Ersatz.	Rest.
Roggen, nach Erbsen	$0{,}175 \cdot 35{,}37$	$6{,}2^c$	$6{,}2^0$	$29{,}17^0$
Supponirte Kornerndte	$0{,}15 \cdot 29{,}17$	$4{,}38^c$		
Also: 3 Jahr Weide	.....	$4{,}38 \cdot 2 \cdot 3 = 26{,}28^c$	$+\frac{26{,}28}{2 \cdot 3} = 4{,}38^0$	$33{,}55^0$
Hafer, nach Weide	$0{,}15 \cdot 33{,}55$	$5{,}03^c$	$5{,}03^0$	$28{,}52^0$

Der Ersatz in der Brache muß betragen $35 - 28{,}52 = 6{,}48^0$

Die Kornproduction ist:

Roggen	$13{,}2^c$
Hafer	$5{,}03^c$
Erbsen	$7\ ^c$
Summa	$25{,}23^c$ Korn.

Der Ersatz aus dem Systeme ist:

Roggenstroh $13{,}2 \cdot 2{,}13 = 28{,}12$
Haferstroh $5{,}03 \cdot 1{,}9 = 9{,}56$
$37{,}68 : 4 = 9{,}42^0$ Dung
Erbsstroh $7 \cdot 2{,}5 = 17{,}5$; $17{,}5 \cdot 0{,}3 = 5{,}25^0$ „
Kartoffeln $94{,}2 \cdot \frac{5}{48}$ .... $= 9{,}81^0$ „
Mittelbar aus der Weide $\frac{26{,}28}{3} \cdot 0{,}3 = 2{,}63^0$ „
Summa $27{,}11^0$ Dung.

Zu den Kartoffeln ist verwandt 19,1
Die Brache erfordert 6,48
$25{,}58^0$ „

Der Ueberschuß aus dem Systeme beträgt $1{,}53^0$ Dung.

Der Einschluß deckt also nicht nur den Ersatz, sondern wir dürfen von den Kartoffeln noch $1{,}53 \cdot \frac{48}{5} = 14{,}7^c$ zum Verkauf berechnen, und der ganze Zuschuß an Heu ist überflüssig zur Erhaltung des Systems. Zur thierischen Nutzung kommen also nur $94{,}2 - 14{,}7 = 79{,}5^c$ Kartoffeln, und zum Verkauf bleiben überhaupt 183^c Kartoffeln.

Berechnung des Roh-Ertrages.

a. Unmittelbares Kornerzeugniß:

Es werden auf 9 Morgen $25{,}23^c$ Korn erzeugt, also auf 112 Morgen . . . . $313{,}97^c$ Korn

b. Von den thierischen Erzeugnissen, nach Kornwerth:

1^c Getreidestroh giebt $0{,}03^c$ Korn, also $37{,}68^c = 1{,}13^c$ Korn

1^c Erbsstroh giebt $0{,}072^c$ Korn, also $17{,}5^c = 1{,}26^c$ „

1^c Kartoffeln giebt $0{,}06^c$ Korn, also $79{,}5^c = 4{,}77^c$ „

1^c red. Weidegras giebt $0{,}12^c$ Korn, also $26{,}28^c = 3{,}15^c$ „

$10{,}31^c$ Korn

Auf 9 Morgen werden erzeugt $10{,}31^c$, also auf 112 Morgen . . . . $128{,}30^c$ „

c. Aus verkauften Futtermitteln:

1^c Kartoffeln giebt $0{,}0975^c$ Korn, also $183^c = 17{,}84^c$

1^c Heu giebt $0{,}24^c$ Korn, also $224^c = 53{,}76^c$

$71{,}60^c$ „

Es ist der Roh-Ertrag $513{,}87^c$ Korn.

H. Der dritte Referent verwirft die vorgeschlagenen vier Systeme und erklärt sich für das folgende:

1) Gedüngte Kartoffeln,
2) Erbsen,
3) Roggen,
4)
5) Weide (die Heuwerbung im 4ten Schlage muß
6) ich ausschließen, weil sie so wenig in die Schätzung, als in die andern Systeme aufgenommen worden ist),
7) Brache, schwach gedüngt,
8) Roggen,
9) Hafer.

Es verändert eine Rotation nicht, wenn man ihr einen andern Anfangspunct giebt, sobald man nur die Ordnung der Früchte nicht verändert.

Wir wollen also, um, wie in den andern Systemen, auch hier mit der Brache zu beginnen, mit dem zweiten Gliede den Anfang machen.

Dadurch entsteht die Fruchtfolge:

1) Reine Brache, schwach gedüngt,
2) Roggen,
3) Hafer,
4) Gedüngte Kartoffeln,
5) Erbsen,
6) Roggen,
7)
8) Weide.
9)

Vergleicht man nun dies System mit dem so eben in Betrachtung gezogenen, so liegt der ganze Unterschied darin, daß der Hafer eine andere Stelle eingenommen hat. Ob es sich dadurch im Ertrage verbessert hat, ergiebt die folgende

Berechnung auf dem normalen Beharrungspunct.

Frucht.	Ertragsfähigkeit.	Ertrag.	Erschöpfung u. Ersatz.	Rest.
Roggen, nach Brache	0,2 · 35	7^c	7^0	28^0
Hafer, nach Roggen.	0,15 · 28	$4,2^c$	$4,2^0$	$23,8^0$
Düngung zu den Kartoffeln . .	. . . .	. . . .	. . . . + $23,26^0$	$47,06^0$
Supponirte Kornerndte	0,2 · 47,06	$9,41^c$		
Also: Kartoffeln	. . . .	$94,1^c$	$\frac{3}{4} \cdot 9,41 = 7,06$	40^0
Supponirte Kornerndte	0,175 · 40	7^c		
Also: Erbsen	. . . .	7^c	$\frac{2}{3} \cdot 7 = 4,7$	$35,3^0$
Roggen, nach Erbsen	0,175 · 35,3	$6,18^c$	$6,18^0$	$29,12^0$
Supponirte Kornerndte	0,15 · 29,12	$4,37^c$		
Also: 3 Jahr Weide	. . . .	$4,37 \cdot 2 \cdot 3 = 26,2^c$	$+ \frac{26,2}{2 \cdot 3} = 4,37^0$	$33,49^0$

Der Ersatz in der reinen Brache muß betragen $35 - 33,49 = 1,51^0$ Dung.

Jedenfalls besitzt dies System keine gute Vertheilung der Düngung, weil man 1,5° Dung p. M. nicht verbreiten kann. Wollte man aber die Düngung des ersten Gliedes verstärken, so überschritte der Roggen das Maximum der Rechnungssphäre; und verminderte man die Düngung des zweiten Gliedes, so ständen die Nachfrüchte zu niedrig.

Die Kornproduction ist:

Roggen	13,18^C
Hafer	4,2^C
Erbsen	7^C
Summa	24,38^C Korn.

Der Ersatz aus dem Systeme ist:

Roggenstroh $13{,}18 \cdot 2{,}13 = 28{,}07$

Haferstroh $4{,}2 \cdot 1{,}9 = 7{,}98$

$36{,}05 : 4 = 9{,}01^0$ Dung

Erbsstroh $7 \cdot 2{,}5 = 17{,}5$; $17{,}5 \cdot 0{,}3 = 5{,}25^0$ „

Kartoffeln $94{,}1 \cdot \frac{5}{48} \dots\dots = 9{,}8^0$ „

Mittelbar aus der Weide $\frac{26{,}2}{3} \cdot 0{,}3 = 2{,}62^0$ „

$26{,}68^0$ Dung.

Zu den Kartoffeln ist verwandt $23{,}26^0$

Zur Brache wird erfordert . . . $1{,}51^0$

$24{,}77^0$ „

Der Ueberschuß aus dem Systeme beträgt $1{,}91^0$ Dung.

Auch dies System bedarf also keines Zuschusses und kann noch $1{,}91 \cdot \frac{48}{5} = 18{,}3^C$ Kartoffeln verkaufen. Es verbleiben zur wirthschaftlichen Verwendung für die Rotation $75{,}8^C$ Kartoffeln und gelangen überhaupt zum Verkauf $227{,}7^C$.

Berechnung des Roh-Ertrages.

a. Unmittelbares Kornerzeugniß:

Es werden auf 9 M. gewonnen 24,38^c Korn,
also auf 112 M. . . . . 303,40^c Korn

b. Von den thierischen Erzeugnissen, nach Kornwerth:

1^c Getreidestroh giebt
0,03^c Korn, also 36,05^c = 1,08^c Korn

1^c Erbsstroh giebt
0,072^c Korn, also 17,5 ^{c} = 1,26^c :

1^c Kartoffeln giebt
0,06^c Korn, also 75,8 ^{c} = 4,55^c :

1^c red. Weidegras giebt
0,12^c Korn, also 26,2 ^{c} = 3,14^c :

10,03^c Korn

Auf 9 Morgen werden erzeugt 10,03^c Korn, also
auf 112 Morgen . . . . 124,81^c :

c. Aus den verkauften Futtermitteln:

1^c Kartoffeln giebt
0,0975^c Korn, also 227,7^c = 22,20^c

1^c Wiesenheu giebt
0,24^c Korn, also 224,0^c = 53,76^c — 75,96^c :

Es ist der Roh-Ertrag 504,17^c Korn.

I. Der vierte Referent folgt dem Beispiel aller seiner Vorgänger; er verwirft die vorstehenden fünf Feldsysteme und bildet ein sechstes in folgender Weise:

1) Reine, gedüngte Brache,
2) Roggen,
3) }
4) } besaamte Weide,
5) }
6) Hafer,
7) Gedüngte Kartoffeln,
8) Erbsen,
9) Roggen.

Berechnung der Rotation auf dem normalen Beharrungspunct.

Frucht.	Ertragsfähigkeit.	Ertrag.	Erschöpfung u. Ersatz.	Rest.
Roggen, nach Brache	0,2 · 35	7^c	7^0	28^0
Supponirte Kornerndte	0,15 · 28	$4{,}2^c$		
Also: 3 Jahr Weide	. . . .	$4{,}2 \cdot 2 \cdot 3 = 25{,}2^c$	$+ \frac{25{,}2}{2 \cdot 3} = 4{,}2^0$	$32{,}2^0$
Hafer, nach Weide	0,15 · 32,2	$4{,}83^c$	$4{,}83^0$	$27{,}37^0$
Düngung zu Kartoffeln	. . . .	. . . .	. . . . $+ 19{,}69^0$	$47{,}06^0$
Supponirte Kornerndte	0,2 · 47,06	$9{,}41^c$		
Also: Kartoffeln	. . . .	$94{,}1^c$	$\frac{3}{4} \cdot 9{,}41 = 7{,}06^0$	40^0
Supponirte Kornerndte	0,175 · 40	7^c		
Also: Erbsen	. . . .	7^c	$\frac{2}{3} \cdot 7 = 4{,}7^0$	$35{,}3^0$
Roggen, nach Erbsen	0,175 · 35,3	$6{,}18^c$	$6{,}18^0$	$29{,}12^0$

Der Ersatz in der Brache muß betragen $35 - 29{,}12 = 5{,}88^0$ Dung.

Der Kornertrag ist:

Roggen	$13{,}18^c$
Hafer	$4{,}83^c$
Erbsen	$7\ ^c$
Summa	$25{,}01^c$ Korn.

Der Ersatz aus dem Systeme ist:

Roggenstroh $13{,}18 \cdot 2{,}13 = 28{,}07$
Haferstroh $4{,}8 \cdot 1{,}9 = 9{,}18$

$37{,}25 : 4 = 9{,}31^0$ Dung.

Erbsstroh $7 \cdot 2{,}5 = 17{,}5$; $17{,}5 \cdot 0{,}3 = 5{,}25^0$ „

Kartoffeln $94{,}1 \cdot \frac{5}{48}$ .... $= 9{,}8\ ^0$ „

Mittelbar durch die Weide $\frac{25{,}2}{3} \cdot 0{,}3 = 2{,}52^0$ „

$26{,}88^0$ Dung.

Zu den Kartoffeln ist verwandt $19{,}69^0$
Die Brache erfordert ..... $5{,}88^0$

$25{,}57^0$ „

Der Ueberschuß aus dem Systeme beträgt $1{,}31^0$ Dung.

Dies System ist ebenfalls keines Zuschusses bedürftig. Vielmehr können noch $1{,}31 \cdot \frac{48}{5} = 12{,}6^c$ Kartoffeln außerhalb des Systems verwendet werden. Demnach treten nur $94{,}1 - 12{,}6 = 81{,}5$ in die Ersatzrechnung, und es kommen überhaupt zum Verkauf $156{,}8^c$.

Berechnung des Roh-Ertrages.

a. **Unmittelbares Kornerzeugniß:**

Es werden auf 9 Morgen gewonnen 25,01^c Korn,
also auf 112 Morgen . . . . 311,23^c Korn

b. **Von den thierischen Erzeugnissen, nach Kornwerth:**

1^c Getreidestroh giebt
0,03^c Korn, also 37,25^c = 1,12^c Korn
1^c Erbsstroh giebt
0,072^c Korn, also 17,50^c = 1,26^c ⸗
1^c Kartoffeln giebt
0,06^c Korn, also 81,50^c = 4,89^c ⸗
1^c red. Weidegras giebt
0,12^c Korn, also 25,20^c = 3,02^c ⸗
10,29^c Korn

Auf 9 Morgen werden erzeugt 10,28^c Korn, also
auf 112 Morgen . . . . 128,06^c ⸗

c. **Aus den verkauften Futtermitteln:**

1^c Kartoffeln giebt
0,0975^c Korn, also 156,8^c = 15,29^c
1^c Wiesenheu giebt
0,24 ^{c} Korn, also 224,0^c = 53,76^c
69,05^c ⸗

Es ist der **Roh-Ertrag** 508,34^c Korn.

K. Zusammenstellung der Roh-Erträge der bisher berechneten Feldsysteme.

Litera.	Bezeichnung des Systems.	Ertrag aus der Kornproduction. in Korn C	Ertrag aus den thierischen Erzeugnissen. in Korn C	Ertrag aus den verkauften Futtermitteln. in Korn C	Summa des Ertrags. in Korn C
A. Ausgedehntes 3.-F.-S.	$\overset{4}{+}$ ɥ $\overset{2}{h}$	152,32	36,21	—	188,53
B. Beschränktes 3.-F.-S.	$\overset{11}{+}$ ɥ $\overset{2}{h}$	209,66	73,3	—	282,96
C. Eigentliches Schlag-S.	$\overset{12}{+}$ ɥ $\overset{3}{h}$ $\overset{3}{\dot{ɥ}}$	236,32	63,55	24,96	324,83
D. 1stes S. des Curators	$\overset{13}{+}$ ɥ h $\overset{19}{+}$ ɥ̣ ɥ̇ $\overset{2}{h}$ $\overset{2}{\dot{ɥ}}$ h	363,75	139,38	14,88	518,01
E. 2tes S. des Curators	$\overset{6}{+}$ ɥ h $\overset{19}{+}$ ɥ̣ ɥ̇ $\overset{2}{h}$ $\overset{3}{\dot{ɥ}}$	305,76	127,18	63,19	496,13
F. Das S. des 1sten Ref.	$\overset{10}{+}$ ɥ $\overset{2}{h}$ $\overset{23}{+}$ ɥ̣ h $\overset{2}{\dot{ɥ}}$ $\overset{2}{h}$ $\overset{10}{+}$ ɥ $\overset{2}{h}$ $\overset{20}{+}$ ɥ̇ h $\overset{2}{\dot{ɥ}}$ $\overset{2}{h}$	341,72	134,65	—	476,37
G. Das S. des 2ten Ref.	$\overset{6}{+}$ ɥ h $\overset{19}{+}$ ɥ̣ ɥ̇ h $\overset{3}{\dot{ɥ}}$ h	313,97	128,3	71,60	513,87
H. Das S. des 3ten Ref.	$\overset{2}{+}$ ɥ $\overset{2}{h}$ $\overset{23}{+}$ ɥ̣ ɥ̇ h $\overset{3}{ɥ}$	303,4	124,81	75,96	504,17
I. Das S. des 4ten Ref.	$\overset{6}{+}$ ɥ h $\overset{3}{\dot{ɥ}}$ h $\overset{20}{+}$ ɥ̣ ɥ̇ h	311,23	128,06	69,05	508,34

§. 56.

Vergleichung der ersten Rotation der Systeme des dritten und vierten Referenten vom Beharrungspuncte des ausgedehnten 3-F.-S. (§. 53, A) ausgehend.

Bei Einrichtung jeder Musterwirthschaft ist der Fortschritt während der ersten Rotation von großem Interesse, weil sie dem Wirth zur Vergleichung seiner Hülfsmittel mit den nöthigen Opfern, und zugleich als Maaß der weiteren Fortschritte dient.

Um aber doch eine zu ausgedehnte Rechnungsbreite zu vermeiden, werde ich nur die beiden bezeichneten Systeme in Vergleichung stellen.

Wir berechnen zunächst das vom 3.-F.-S. hinterlassene Dünger-Capital und vertheilen es dann auf die Weise, daß die reine Brache $\frac{1}{3}$, der Kartoffelschlag $\frac{2}{3}$ empfängt.

Der Ersatz betrug für 3 Morgen $4{,}08^0$, würde also für 9 Morgen $= 12{,}24^0$ sein. Hiervon erhält also die reine Brache $4{,}08^0$, der Kartoffelschlag $8{,}16^0$.

Berechnung des Systems des dritten Referenten, vom Beharrungspuncte des ausgedehnten 3.-F.-S. ausgehend.

Frucht.	Ertragsfähigkeit.	Ertrag.	Erschöpfung u. Ersatz.	Rest.
Der Rest des 3.-F.-S. betrug .	. . . .	. . . .	. . . .	$8,69^0$
Die Düngung beträgt	. . . .	. . . .	. . . . $+ 4,08^0$	$12,77^0$
Roggen, nach Brache	$0,2 \cdot 12,77$	$2,55^c$	$2,55^0$	$10,22^0$
Hafer, nach Roggen	$0,15 \cdot 10,22$	$1,53^c$	$1,53^0$	$8,69^0$
Düngung, zu den Kartoffeln . .	. . . .	. . . .	. . . . $+ 8,16^0$	$16,85^0$
Supponirte Kornerndte	$0,2 \cdot 16,85$	$3,37^c$		
Also: Kartoffeln	. . . .	$33,7^c$	$\frac{3}{4} \cdot 3,37 = 2,53^0$	$14,32^0$
Supponirte Kornerndte	$0,175 \cdot 14,32$	$2,51^c$		
Also: Erbsen	. . . .	$2,51^c$	$\frac{2}{3} \cdot 2,51 = 1,67^0$	$12,65^0$
Roggen, nach Erbsen	$0,175 \cdot 12,65$	$2,21^c$	$2,21^0$	$10,44^0$
Supponirte Kornerndte	$0,15 \cdot 10,44$	$1,57^c$		
Also: 3 Jahr Weide	. . . .	$1,57 \cdot 2 \cdot 3 = 9,42^c$	$+ \frac{9,42}{2 \cdot 3} = 1,57^0$	$12,01^0$

Der Kornertrag ist:

Roggen	$4{,}76^c$
Hafer	$1{,}53^c$
Erbsen	$2{,}51^c$
Summa	$8{,}8^c$ Korn.

Der Ersatz aus dem Systeme ist:

Roggenstroh $4{,}76 \cdot 2{,}13 = 10{,}14$

Haferstroh $1{,}53 \cdot 1{,}9 = 2{,}91$

$13{,}05 : 4 = 3{,}26^0$ Dung

Vom Erbsstroh $2{,}51 \cdot 2{,}5 = 6{,}28$; $6{,}28 \cdot 0{,}3 = 1{,}88^0$ „

Von den Kartoffeln $33{,}7 \cdot \frac{5}{48} \ldots\ldots = 3{,}51^0$ „

Mittelbar aus der Weide $\frac{9{,}42}{3} \cdot 0{,}3 \ldots = 0{,}94^0$ „

$9{,}59^0$ Dung.

Hierzu der Zuschuß aus den Wiesen $\frac{18}{3} = 6^0$ „

Ueberhaupt Ersatz $15{,}59^0$ Dung.

Berechnung des Roh-Ertrages.

a. Unmittelbares Kornerzeugniß:

Es werden auf 9 Morgen gewonnen $8{,}8^c$ Korn, also auf 112 Morgen . . . . $98{,}56^c$ Korn

b. Von den thierischen Erzeugnissen, nach Kornwerth:

1^c Getreidestroh giebt $0{,}03^c$ Korn, also $13{,}05^c = 0{,}39^c$ Korn

1^c Erbsstroh giebt $0{,}072^c$ Korn, also $6{,}28^c = 0{,}45^c$ „

1^c Kartoffeln giebt $0{,}06^c$ Korn, also $33{,}70^c = 2{,}02^c$ „

1^c red. Weidegras giebt $0{,}12^c$ Korn, also $9{,}42^c = 1{,}13^c$ „

1^c Wiesenheu giebt $0{,}12^c$ Korn, also $18{,}00^c = 2{,}16^c$ „

$6{,}15^c$ Korn

Auf 9 Morgen werden erzeugt $6{,}15^c$ Korn, also auf 112 Morgen . . . . $76{,}53^c$ „

Es ist der Roh-Ertrag $175{,}09^c$ Korn.

Berechnung des Systems des vierten Referenten, vom Beharrungspuncte des ausgedehnten 3.-F.-S. ausgehend.

Frucht.	Ertragsfähigkeit.	Ertrag.	Erschöpfung u. Ersatz.	Rest.
Der Rest des 3.-F.-S. betrug .	. . . .	. . . .	. . . .	$8{,}69^0$
Die Düngung beträgt	. . . .	. . . .	. . . . $+\ 4{,}08^0$	$12{,}77^0$
Roggen, nach reiner Brache . . .	$0{,}2 \cdot 12{,}77$	$2{,}55^C$	$2{,}55^0$	$10{,}22^0$
Supponirte Kornerndte	$0{,}15 \cdot 10{,}22$	$1{,}53^C$		
Also: 3 Jahr Weide	. . . .	$1{,}53 \cdot 2 \cdot 3 = 9{,}18^C$	$+\ \frac{9{,}18}{2 \cdot 3} = 1{,}53^0$	$11{,}75^0$
Hafer, nach Weide	$0{,}15 \cdot 11{,}75$	$1{,}76^C$	$1{,}76^0$	$9{,}99^0$
Düngung zu den Kartoffeln . .	. . . .	. . . .	. . . . $+\ 8{,}16^0$	$18{,}15^0$
Supponirte Kornerndte	$0{,}2 \cdot 18{,}15$	$3{,}63^C$		
Also: Kartoffeln	. . . .	$36{,}3^C$	$\frac{3}{4} \cdot 3{,}63 = 2{,}72^0$	$15{,}43^0$
Supponirte Kornerndte	$0{,}175 \cdot 15{,}43$	$2{,}7^C$		
Also: Erbsen	. . . .	$2{,}7^C$	$\frac{2}{3} \cdot 2{,}7 = 1{,}8^0$	$13{,}63^0$
Roggen, nach Erbsen	$0{,}175 \cdot 13{,}63$	$2{,}39^C$	$2{,}39^0$	$11{,}24^0$

Der Kornertrag ist:

Roggen	$4{,}94^c$
Hafer	$1{,}76^c$
Erbsen	$2{,}7^c$
Summa	$9{,}4^c$ Korn.

Der Ersatz aus dem Systeme ist:

Roggenstroh $4{,}94 \cdot 2{,}13 = 10{,}52$

Haferstroh $1{,}76 \cdot 1{,}9 = 3{,}34$

$13{,}86 : 4 = 3{,}46^0$ Dung

Erbsstroh $2{,}7 \cdot 2{,}5 = 6{,}75$; $6{,}75 \cdot 0{,}3 = 2{,}03^0$ „

Von den Kartoffeln $36{,}3 \cdot \frac{5}{48} \ldots\ldots = 3{,}78^0$ „

Mittelbar aus der Weide $\frac{9{,}18}{3} \cdot 0{,}3 \ldots = 0{,}92^0$ „

$10{,}19^0$ Dung.

Hierzu der Zuschuß aus den Wiesen $\frac{18}{3} = 6^0$ „

Ueberhaupt Ersatz $16{,}19^0$ Dung.

Berechnung des Roh-Ertrages.

a. **Unmittelbares Kornerzeugniß:**

Es werden auf 9 Morgen gewonnen $9{,}4^c$ Korn, also auf 112 Morgen . . . . $116{,}98^c$ Korn

b. **Von den thierischen Erzeugnissen, nach Kornwerth:**

1^c Getreidestroh giebt $0{,}03^c$ Korn, also $13{,}76^c = 0{,}42^c$ Korn

1^c Erbsstroh giebt $0{,}072^c$ Korn, also $6{,}75^c = 0{,}49^c$ „

1^c Kartoffeln giebt $0{,}06^c$ Korn, also $36{,}30^c = 2{,}18^c$ „

1^c red. Weidegras giebt $0{,}12^c$ Korn, also $9{,}18^c = 1{,}10^c$ „

1^c Wiesenheu giebt $0{,}12^c$ Korn, also $18{,}00^c = 2{,}16^c$ „

$6{,}35^c$ Korn.

Auf 9 Morgen werden erzeugt $6{,}35^c$ Korn, also auf 112 Morgen . . . . $79{,}01^c$ „

Es ist der Roh-Ertrag $195{,}99^c$ Korn.

Vergleichung des ausgedehnten 3.=F.=S. mit der ersten Rotation der Systeme des dritten und vierten Referenten.

System		Korn-Natural-Ertrag. c	Thierische Erzeugnisse in Korn c	Summa beider Erträge in Korn c
der drei Felder, mit ausgedehntem Anbau		152,32	36,21	188,53
des dritten Referenten, erste Rotation		98,56	76,53	175,09
des vierten Referenten, erste Rotation		116,98	79,01	195,99
In Vergleichung zum 3.=F.=S.				
wird im System des 3ten Referenten	verloren	— 53,76	. . . .	— 13,44
	gewonnen	. . . .	+ 40,32	. . . .
wird im System des 4ten Referenten	verloren	— 35,34	. . . .	. . . .
	gewonnen	. . . .	+ 42,80	+ 7,46
In Vergleichung zum S. des 3ten Referenten wird im Systeme des 4ten Referenten gewonnen		18,42	2,48	20,90

Zur vollständigen Beurtheilung des Einflusses dieser Systeme bleiben indessen noch zwei Vergleichungen anzustellen.

a. Um wieviel hat das zu verwendende **Dung-Quantum** sich gesteigert?

Im 3.-F.-S. wurden
für 3 Morg. 4,08° Dung erzeugt, also für 112 M. 152,32° Dung

Im S. des 3ten Ref. wurden
für 9 Morg. 15,59° Dung erzeugt, also für 112 M. 194,00° Dung

Im S. des 4ten Ref. wurden
für 9 Morg. 16,19° Dung erzeugt, also für 112 M. 201,47° Dung.

Hiernach verbesserte sich das umlaufende Dung-Capital in Vergleichung zum 3.-F.-S.:
in der 1sten Rotation des 3ten Ref. um 41,68° Dung
in der 1sten Rotation des 4ten Ref. um 49,15° Dung.
Gegen die 1ste Rotation des 3ten Ref. ist die des 4ten Ref. besser um . . . . 7,47° Dung.

b. Um wieviel hat das Capital an **Reichthum im Acker** sich erhöht?

Zur Beantwortung dieser Frage ist die Kenntniß des Restes nach vollendeter Rotation nicht genügend. Wir müssen vielmehr die sämmtlichen Reste addiren und aus dieser Summe den Gehalt an Reichthum des ganzen Feldes berechnen.

Im Dreifeldersystem waren die Reste:

im 1sten	Felde	12,77°
= 2ten	=	10,22°
= 3ten	=	8,69°
	Summa	31,68°

3 Morgen enthalten 31,68° Reichthum, also 112 M. 1182,72°

Im System des 3ten Ref. waren die Reste:

im	1sten	Schlage	12,77°
"	2ten	"	10,22°
"	3ten	"	8,69°
"	4ten	"	14,32°
"	5ten	"	12,65°
"	6ten	"	10,44°
Zur Berechnung des Inhalts der Dreeschweiden während dreier Jahre ist das mittlere Verhältniß des Restes im 6ten u. 9ten Schlage zu nehmen, u. dieser Durchschnitt mit 3 zu multipliciren.	7ten, 8ten, 9ten	"	

Also $\frac{10{,}44 + 12{,}01}{2} \cdot 3 =$ . . . . . . 33,68°

Summa 102,77°

9 Morgen enthalten 102,77° Reichthum, also 112 M. 1278,91°

Im System des 4ten Ref. waren die Reste:

	im	1sten	Schlage	12,77°
	"	2ten	"	10,22°
Die Dreeschweiden	im	3ten	"	$\frac{10{,}22 + 11{,}75}{2} \cdot 3 =$ 32,96°
	"	4ten	"	
	im	5ten	"	
	"	6ten	"	9,99°
	"	7ten	"	15,43°
	"	8ten	"	13,63°
	"	9ten	"	11,24°
			Summa	106,24°

9 Morgen enthalten 106,24° Reichthum, also 112 Morgen: 1322,09° Reichthum.

Es vermehrte sich also der Reichthum des Bodens	
im System des 3ten Referenten in der 1sten Rotation um	96,19° Reichthum
im System des 4ten Referenten in der 1sten Rotation um	139,37° " "
In Vergleichung zum System des 3ten Ref. wird in der 1sten Rotation des Systems des 4ten Ref. mehr erworben	43,18° Reichthum.

Dies letztere weist also schon in der ersten Rotation einen höhern Ertrag im Korne und in thierischen Producten nach, als das andere; es gewinnt auch ein größeres umlaufendes Dung = Capital und fundirt mehr Reichthum im Boden: mithin wird es schneller und wohlfeiler den normalen Beharrungspunct gewinnen.

Aus dieser ganzen Berechnung aber ersehen wir, daß, wie auch die Rechnungs-Elemente ursprünglich angenommen werden mögen, überall, wo nicht der Umbruch alter Viehweiden oder Wiesen, oder die Mitwirkung äußerer Mittel, als die Aufführung von Mergel und Moder unterstützen, die ersten Fortschritte aus der bloßen Kraft des neuen Systems nur sehr langsam sein werden, wenn der Acker auf einer sehr niedrigen Stufe des Ertrages steht. Es bleibt dann nur übrig, durch eine gute Bestellung die productive Thätigkeit zu heben, und die einflußreichen Factoren des Fleißes und der Sparsamkeit zu Hülfe zu nehmen.

Unter den in dieser Rechnung dargestellten Verhältnissen würde überhaupt zur Erreichung des normalen Beharrungspunctes der Rath zu ertheilen sein: zunächst die Anbaufläche auf den bessern Boden zu beschränken, und den Bestellungsraum immer nach Maaßgabe des umlaufenden Dung-Capitals zu vergrößern, wie uns dies Beispiel in der denkwürdigen Wirthschaft von Rosnochau vorgehalten worden ist. Der günstige Erfolg dieses Verfahrens würde auch durch unsere Rechnung bestätigt werden.

§. 57.

Berechnung der Systeme des dritten und vierten Referenten (§. 55), wenn alle Futtermittel der Wirthschaft durch die Futterung consumirt werden, aber dagegen auch der Gattungsquotient sich verwandelt.

Die schonenden Systeme, welche der Curator, wie die meisten Referenten in Vorschlag gebracht haben, würden die Erndten weit über das Maximum der mittleren Rechnungssphäre tragen; und so sahen wir uns mit Erreichung des normalen Beharrungspunctes genöthigt, alle zur Erhaltung des Systems auf diesem Puncte in der Wirthschaft nicht verwendbaren Futtermittel als Marktproducte in Rechnung zu bringen (§. 55).

Hier stelle ich nun zum Schlusse die Bedingung, daß alle Futtermittel auch zu ihrem Zwecke benutzt werden sollen, und daß in der höhern Rechnungssphäre zwischen 7^c und 9^c der Erschöpfungsquotient (§. 14) = 1,2 geschätzt sei.

Berechnung des Systems des 3ten Referenten auf dem Beharrungspuncte von 9^c Korn.

Frucht.	Ertragsfähigkeit.	Ertrag.	Erschöpfung u. Ersatz.	Rest.
Roggen, nach Brache	0,2 · 45	9^c	$1{,}2 \cdot 9 = 10{,}8^0$	$34{,}2^0$
Hafer, nach Roggen	0,15 · 34,2	$5{,}13^c$	$1{,}2 \cdot 5{,}13 = 6{,}16^0$	$28{,}04^0$
Düngung bis zum Maximum des Kartoffelertrags	. . . .	. . . .	. . . . $+ 21{,}96^0$	50
Supponirte Kornerndte	0,2 · 50	10^c		
Also: Kartoffeln	. . . .	100^c	$1{,}2 \cdot \frac{3}{4} \cdot 10 = 9^0$	41
Supponirte Kornerndte	0,175 · 41	$7{,}18^c$		
Also: Erbsen	. . . .	7^c (Maximum)	$1{,}2 \cdot \frac{2}{3} \cdot 7{,}18 = 5{,}74^0$	$35{,}26^0$
Roggen, nach Erbsen	0,175 · 35,26	$6{,}17^c$	$1{,}2 \cdot 6{,}17 = 7{,}4^0$	$27{,}86^0$
Supponirte Kornerndte	0,15 · 27,86	$4{,}18^c$		
Also: 3 Jahr Weide	. . . .	$4{,}18 \cdot 2 \cdot 3 = 25{,}08^c$	$+ \frac{25{,}08}{2 \cdot 3} = 4{,}18^0$	$32{,}04^0$

Der Ersatz in der Brache muß betragen $45 - 32{,}04 = 12{,}96^0$ Dung.

Der Kornertrag ist:

Roggen	$15{,}17^c$
Hafer	$5{,}13^c$
Erbsen	$7{,}00^c$
Summa	$27{,}3^c$ Korn.

Der Ersatz aus dem Systeme ist:

Roggenstroh $15{,}17 \cdot 2{,}13 = 32{,}31^c$

Haferstroh $5{,}13 \cdot 1{,}9 = 9{,}75$

$42{,}06 : 4 = 10{,}52^0$ Dung

Vom Erbsstroh $7 \cdot 2{,}5 = 17{,}5$; $17{,}5 \cdot 0{,}3 = 5{,}25^0$ "

Von den Kartoffeln $100 \cdot \frac{5}{48} \ldots\ldots = 10{,}42^0$ "

Mittelbar von der Weide $\frac{25{,}08}{3} \cdot 0{,}3 = 2{,}51^0$ "

$28{,}70^0$ Dung.

Hierzu der Zuschuß von den Wiesen $\frac{18}{3} = 6^0$ "

Ueberhaupt Ersatz $34{,}70^0$ Dung.

Zu den Kartoffeln ist verwandt $21{,}96^0$

Die Brache erfordert ...... $12{,}96^0$

$34{,}92^0$ "

Stimmt genügend.

Berechnung des Roh=Ertrages.

a. Unmittelbares Kornerzeugniß:

Auf 9 Morgen werden gewonnen 27,3^c Korn,
also auf 112 Morgen . . . . 339,73^c Korn

b. Aus den thierischen Erzeugnissen, nach Kornwerth:

1^c Getreidestroh giebt
0,03^c Korn, also 42,06^c = 1,26^c Korn

1^c Erbsstroh giebt
0,072^c Korn, also 17,50^c = 1,26^c =

1^c Kartoffeln giebt
0,06^c Korn, also 100,00^c = 6,00^c =

1^c red. Weidegras giebt
0,12^c Korn, also 25,08^c = 3,00^c =

1^c Wiesenheu giebt
0,12^c Korn, also 18,00^c = 2,16^c =

13,68^c Korn.

Auf 9 Morgen werden erzeugt 13,68^c Korn, also
auf 112 Morgen . . . . 170,24^c =

Es ist der Roh=Ertrag 509,97^c Korn.

Berechnung des Systems des 4ten Referenten auf dem Beharrungspuncte von 9^c Korn.

Frucht.	Ertragsfähigkeit.	Ertrag.	Erschöpfung u. Ersatz.	Rest.
Roggen, nach reiner Brache . .	$0{,}2 \cdot 45$	9^c	$1{,}2 \cdot 9 = 10{,}8^0$	$34{,}2^0$
Supponirte Kornerndte	$0{,}15 \cdot 34{,}2$	$5{,}13^c$		
Also: 3 Jahr Weide	. . . .	$5{,}13 \cdot 2 \cdot 3 = 30{,}78^c$	$+ \frac{30{,}78}{2 \cdot 3} = 5{,}13^0$	$39{,}33^0$
Hafer, nach Weide	$0{,}15 \cdot 39{,}33$	$5{,}9^c$	$1{,}2 \cdot 5{,}9 = 7{,}08^0$	$32{,}25^0$
Düngung bis zum Maximum des Kartoffelertrags	. . . .	. . . .	. . . . $+ 17{,}75^0$	50^0
Supponirte Kornerndte	$0{,}2 \cdot 50$	10^c		
Also: Kartoffeln	. . . .	100^c	$1{,}2 \cdot \frac{3}{4} \cdot 10 = 9^0$	41^0
Supponirte Kornerndte	$0{,}175 \cdot 41$	$7{,}18^c$		
Also: Erbsen.	. . . .	7^c (Maximum)	$1{,}2 \cdot \frac{2}{3} \cdot 7{,}18 = 5{,}74^0$	$35{,}26^0$
Roggen, nach Erbsen	$0{,}175 \cdot 35{,}26$	$6{,}17^c$	$1{,}2 \cdot 6{,}17 = 7{,}4^0$	$27{,}86^0$

Der Ersatz in der Brache muß betragen $45 - 27{,}86 = 17{,}14^0$ Dung.

Der Kornertrag ist:

Roggen	$15{,}17^c$
Hafer	$5{,}90^c$
Erbsen	$7{,}00^c$
Summa	$28{,}07^c$ Korn.

Der Ersatz aus dem Systeme ist:

Roggenstroh $15{,}17 \cdot 2{,}13 = 32{,}31^c$
Haferstroh $5{,}9 \cdot 1{,}9 = 11{,}21$
$43{,}52 : 4 = 10{,}88^0$ Dung

Vom Erbsstroh $7 \cdot 2{,}5 = 17{,}5;\ 17{,}5 \cdot 0{,}3 = 5{,}25^0$ "

Von den Kartoffeln $100 \cdot \frac{5}{48} \ldots\ldots = 10{,}42^0$ "

Mittelbar von der Weide $\frac{30{,}78}{3} \cdot 0{,}3 = 3{,}08^0$ "

$29{,}63^0$ Dung

Hierzu der Zuschuß von den Wiesen $\frac{18}{3} = 6^0$ "

Ueberhaupt Ersatz $35{,}63^0$ Dung

Zu den Kartoffeln ist verwandt $17{,}75^0$
Die Brache erfordert ...... $17{,}14^0$
$34{,}89^0$ "

Stimmt genügend.

Berechnung des Roh-Ertrages.

a. Unmittelbares Kornerzeugniß:

Auf 9 Morgen werden gewonnen $28{,}07^c$ Korn,
also auf 112 Morgen . . . . $349{,}32^c$ Korn

b. Aus den thierischen Erzeugnissen, nach Kornwerth:

1^c Getreidestroh giebt
$0{,}03^c$ Korn, also $43{,}52^c = 1{,}31^c$ Korn
1^c Erbsenstroh giebt
$0{,}072^c$ Korn, also $17{,}50^c = 1{,}26^c$ „
1^c Kartoffeln giebt
$0{,}06^c$ Korn, also $100{,}00^c = 6{,}00^c$ „
1^c red. Weidegras giebt
$0{,}12^c$ Korn, also $30{,}78^c = 3{,}69^c$ „
1^c Wiesenheu giebt
$0{,}12^c$ Korn, also $18{,}00^c = 2{,}16^c$ „
$14{,}42^c$ Korn

Auf 9 Morgen werden erzeugt $14{,}42^c$ Korn, also
auf 112 Morgen . . . . $179{,}45^c$ „
Es ist der Roh-Ertrag $528{,}77^c$ Korn.

Dies System übersteigt also den Ertrag
des vorstehenden um . . . . $18{,}8^c$ Korn

Das wäre ein Urtheil der Methodik über die Wirkung der Feldeinrichtung eines kleinen Gütchens auf seine Productivität.

Aber nicht sowohl die objective Wahrheit, als vielmehr nur die Leistungsfähigkeit dieser Rechnungsform sollte hier zur Anschauung gebracht werden, um die Prüfung vorzubereiten, ob sie einer weiteren Ausbildung würdig sei, oder nicht.

Zu dieser Entscheidung bedarf sie aber nicht minder **strenger** und **einsichtsvoller Richter**, als zu ihrer Ausbildung **thätiger** und **beharrlicher Mitarbeiter**.

Nur die **Form** kann der **Verstand**, den **Inhalt** muß die **Untersuchung** bringen!

Schlußwort.

An Euch, meine jungen Freunde, die Ihr jetzt zur landwirthschaftlichen Berufsbildung auf Academieen oder auf Landgütern eifrig Euren Studien obliegt, wende ich mich zum Schlusse dieses Entwurfs.

Ich werde in flüchtigen Umrissen den gegenwärtigen Standpunct zur Hebung unseres Gewerbes darstellen, die Mittel erörtern, welche unsere Fortschritte wesentlich unterstützen können, und endlich unsern wissenschaftlichen Bestrebungen ein Ziel stellen, zu dessen Verfolgung nur dem practischen Landwirthe die Gelegenheit so günstig geboten ist.

Unter dem Schutze eines langen, beglückenden Friedens und unter dem Einflusse einer mit ihren gesunden Lehren immer tiefer eingreifenden National-Oeconomie steigerte sich die Bevölkerung in dem Maaße, daß die Sorge für ihre genügende Ernährung und Beschäftigung immer lauter spricht. Aber diese Sorge schwindet mit der Entwickelung eines Landbaus, der noch so fern von seinem Ziele steht.

Viel ist bereits gethan, um die Bahn dahin zu öffnen und zum rüstigen Weiterstreben anzuregen, denn wir sahen in unsern Tagen mannigfache Institutionen entstehen, die dem Zwecke wachsender Einsicht zur Hervorrufung immer vermehrter Nahrungsfülle und productiver Beschäftigung dienen sollen.

Es trat die allgemeine Versammlung der deutschen Land- und Forstwirthe zur Berathung so wichtiger Interessen zusammen. Zahlreiche landwirthschaftliche Local-Vereine verbanden sich zu Centralkörpern, deren Leitung wohl selbst die höchsten Behörden der Provinzen übernahmen. Als Stützpunct aller vereinigten Bestrebungen, wie zur Leitung eines wissenschaftlichen Fortschritts wurde ein Landes-Oeconomie-Collegium eingesetzt und ausgestattet mit anerkennungswerther Liberalität.

Noch mehr!

Alle Stände, die sich dem Landbau widmen, — niedere, wie höhere — sollte echte Belehrung über die Erfahrungen einer langen Vorzeit in Besitz so werther Erbschaft setzen und sie befähigen, der langen Kette neue Ringe beizufügen.

Dies bezwecken unsere Ackerbauschulen, unsere Academieen, indem jene die Arbeit, die richtige Zusammenwirkung mechanischer und physischer Kräfte, diese mehr das geistige Auge, die Verknüpfung eines weitern Gedankenkreises üben; beide aber die richtige Wahl der Mittel zu bestimmten Erfolgen lehren.

Doch auf eine noch größere Erscheinung habe ich hinzuweisen!

Die Wissenschaften selbst, so lange getrennt vom thätigen Leben, bieten uns ihre Dienste an. Ihr Genius erkannte unter der rauhen Hülle unseres Gewerbes die wahre Entwickelung völkerlicher Wohlfahrt und beschenkte auch uns mit der Fackel seines Lichts. Nehmet seine Gunst als ein freies Geschenk, dessen Werth noch außer aller Berechnung liegt.

Aber unter allen diesen Wissenschaften ist eine, — schon Adam Riese lehrte sie als Kunst, — etwas finstern und unmodischen Ansehens, doch gefällig und dienstbar jeder Schwester: ich kann sie Euch kaum genug empfehlen. Der volle Reichthum der Naturwissenschaften nützt ohne ihren Beistand wenig, denn sie ist die Führerin durch diese geweihten Hallen. Ihrer Stütze entbunden, verliert Ihr Euch in Phantasieen, und werdet ein Opfer des Unbedingten in einer so ganz bedingten Welt.

Vor allem, meine Freunde, huldigt dieser Kunst! In dieser Forderung kann ich keine Nachsicht üben.

Eure Arithmetik reicht meistens wohl weiter, als diese Blätter voraussetzen, nur mangelt Euch die Anwendung auf die hier betrachteten Verhältnisse. Versucht es nunmehr, das todte Wissen Eurer Rechenkunst auf Wucher anzulegen und nach dieser Anleitung Euch Aufgaben zu stellen; bald werdet Ihr eine Sammlung zusammenbringen, trotz der besten von Meier Hirsch: Ihr werdet Licht und Lust zu weitern Forschungen gewinnen.

Verkennt es aber auch nicht, daß ich blos einen Entwurf, kein fertiges Lehrbuch geliefert habe.

Der Einzelne kann nur sein Schauen, nur den Punct der eigenen Entwickelung wiedergeben, der wiederum nur einer weiteren Entwickelung dient. Auch war es hauptsächlich darauf abgesehen, den Beweis zu liefern, daß sich der Landbau als Wissenschaft auf eigene Füße stellen, sich in einer gewissen Richtung ganz der Leitung der Zahl überlassen dürfe, und daß die Zögerungen der Naturwissenschaften und ihr langer Kampf um den tiefern Sinn unserer Zahlen dem eigenen Fortschritt nicht im Wege stehen. Ich lege Euch also diesen Entwurf nur zur Auffindung seiner Mängel und ihrer Verbesserung vor, nicht als einen fertigen Unterbau der colossalen Werkstätte unseres Gewerbes.

Doch setzt einmal, es wäre mir wirklich geglückt, die allgemeinen Formen unserer Rechnung richtig zu bilden, so werdet Ihr doch bald erkennen, daß selbst dann noch Wesentliches mangelt: dies sind die Lehren der Erschöpfungsverhältnisse und Ersatzwerthe, es sind die Garantieen für richtige Schätzungen, als die einzig mögliche Grundlage zu unsern Berechnungen.

Sehet! sie, die Rechenkunst feierte in unsern Tagen den hohen Triumph einer richtigen Bestimmung des Orts, wo ein nie gesehener Planet seine Bahn beschreibt: das Fernrohr fand ihn an bezeichneter Stelle. Nimmer wäre es geglückt, hätten nicht untrügliche Voraussetzungen diese Rechnung geleitet. So streben auch wir, mit Hülfe derselben Rechenkunst, in unserer kleinen Welt die Bahn unserer Systeme zu berechnen und das Moment ihres Ertrages zu bestimmen.

Aber die Wahrheit des Resultats setzt die Richtigkeit der Rechnungselemente voraus, und hier ist es grade, wo ich Euch erwarte, wenn Ihr einst der Praxis dienen werdet. Hier wird jeder richtige Beitrag unmittelbar der weiteren Ausbildung unserer Wissenschaft nützen. So groß auch die Arbeit erscheine, immer ist ihr Erfolg gesichert, wenn freie Liebe den Willen beseelt und Gleichgesinnte vereinigt.

Ihr kennt die reiche Ausstattung der chemischen Laboratorien, den sinnreichen Apparat der Physik: erwartet nicht, daß ich Euch auf diese Hülfsmittel verweise.

Die Hochbegabten sind zu selten, die, wie Boussingault, von einer scharfen Beobachtungsgabe unterstützt, Gelegenheit finden, in mehr als einer Zone die Erfolge des Pflanzenbaus zu studiren; die, wie er, von unermüdlichem Fleiße beseelt, mit der ganzen Macht der Wissenschaft gerüstet, auch eine umfassende Kenntniß des Landbaus verbinden. Jene Werkzeuge dienen in Wahrheit nur dem Meister in seiner kunstgeübten Hand: wir eignen uns mit gutem Glücke blos die Aufschlüsse seiner Forschungen an. Wohl aber ist es unsers Amtes, die Thatsachen, die Zahlen aufzunehmen, die unsere Rechnung leiten dürfen; und dazu verhelfen wesentlich zwei einfache, wohl bekannte Instrumente, die ich Eurem Fleiße und Eurer Gebrauchsfertigkeit dringend empfehlen will. Habe ich strenge von Euch die Aneignung der Rechenkunst gefordert, so werdet Ihr mich doch jetzt mit der bloßen Anweisung auf Meßkette und Waage auch als billig und milde erkennen.

Die Kette ist für uns von unschätzbarem Werthe und macht fast jeden andern Meßapparat entbehrlich; sie genügt zur Ausmessung der größten Landgüter, wie ihrer kleinsten Theile. Wir können mit Winkelinstrumenten wohl zuweilen leichter, schneller zum Ziele gelangen, aber niemals sicherer; doch seid sorgsam und genau in der Anwendung.

Nicht minder empfehle ich Euch die Waage. Sie belehrt uns strenge über das, was wir so eifrig suchen, — über den Einfluß aller einleitenden Maaßregeln auf die Resultate unseres Wirkens, worin doch eigentlich unser Wissen besteht. Sie ist noch außerdem das schöne Sinnbild des Gleichgewichts, welches im Genuß des Lebens, wie im practischen Wirken die sichersten Erfolge verbürgt.

Auf diese Weise also, meine Freunde, mit dieser leichten Bewaffnung, seid Ihr zu unsern besten Eroberungen vollständig ausgestattet. So sollt Ihr dereinst dem Landbau die Data, die richtigen Zahlen liefern, welche erst die Anwendung unserer Rechnung recht fruchtbar fürs Leben machen wird. Ihr sollt unsere Wissenschaft zu dem Range eigener Selbstständigkeit erheben, und, will es irgend gelingen, sie in den lichtstrahlenden Kreis der übrigen Wissenschaften einführen.

Gedruckt bei Julius Sittenfeld in Berlin.

Berichtigungen.

Seite 25 Colonne: Erschöpfung

$$\frac{14}{16} \cdot 9 - \frac{126}{16} \text{ muß heißen: } \frac{14}{16} \cdot 9 = \frac{126}{16}$$

$$\frac{14}{16} \cdot 7 - \frac{98}{16} \text{ muß heißen: } \frac{14}{16} \cdot 7 = \frac{98}{16}$$

$$\frac{16}{16} \cdot 9 - \frac{144}{16} \text{ muß heißen: } \frac{16}{16} \cdot 9 = \frac{144}{16}$$

Seite 38 Zeile 12 v. u.

muß stehen: hervorginge statt: hervorgingen.

Seite 52 Zeile 16 v. u.

hinter: zukommt ist ein Komma zu setzen.

Seite 101 Colonne: Ertragsfähigkeit

0,135 . 17,49 muß heißen: 0,135 . 7149

FSC
www.fsc.org
MIX
Papier | Fördert gute Waldnutzung
FSC® C083411

Zeitfracht Medien GmbH
Ferdinand-Jühlke-Straße 7
99095 Erfurt, Deutschland
produktsicherheit@kolibri360.de